U0353928

《绿色医院建筑评价标准》实施指南

Implementation Guide of〈Evaluation standard for green hospital building〉

中　国　建　筑　科　学　研　究　院
住房和城乡建设部科技与产业化发展中心　组织编写

中国计划出版社

图书在版编目(CIP)数据

《绿色医院建筑评价标准》实施指南 / 中国建筑科学研究院，住房和城乡建设部科技与产业化发展中心组织编写. -- 北京 : 中国计划出版社，2016.6
ISBN 978-7-5182-0441-0

Ⅰ. ①绿… Ⅱ. ①中… ②住… Ⅲ. ①医院-建筑设计-评价标准-中国-指南 Ⅳ. ①TU246.1-62

中国版本图书馆CIP数据核字(2016)第111790号

《绿色医院建筑评价标准》实施指南

中国建筑科学研究院
住房和城乡建设部科技与产业化发展中心 组织编写

中国计划出版社出版
网址:www.jhpress.com
地址:北京市西城区木樨地北里甲 11 号国宏大厦 C 座 3 层
邮政编码:100038　电话:(010)63906433(发行部)
新华书店北京发行所发行
三河富华印刷包装有限公司印刷

850mm×1168mm　1/32　5 印张　127 千字
2016 年 6 月第 1 版　2016 年 6 月第 1 次印刷
印数 1—10000 册

ISBN 978-7-5182-0441-0
定价:18.00 元

编　委　会

编写组组长：徐　伟　杨　榕

编写组成员：于　冬　李宝山　张　峰　谷　建

孙　宁　曾　捷　韩继红　林波荣

辛衍涛　袁闪闪　赵　华　廖　琳

肖　伟　曹国庆　吴翔天　曲怡然

编制单位

中国建筑科学研究院

住房和城乡建设部科技与产业化发展中心

中国医院协会

国家卫生和计划生育委员会医院管理研究所

中国中元国际工程有限公司

上海市建筑科学研究院(集团)有限公司

清华大学

北京回龙观医院

前　言

国家标准《绿色医院建筑评价标准》GB/T 51153—2015(以下简称《标准》)已经发布,自2016年8月1日起实施。为了适应当前绿色医院建筑发展需要,更好地指导绿色医院建筑评价和建设工作,在该标准编制过程中,中国建筑科学研究院、住房和城乡建设部科技与产业化发展中心联合其他《标准》主要编制单位,启动了《〈绿色医院建筑评价标准〉实施指南》(以下简称《实施指南》)的编制工作。

《实施指南》依据《标准》进行编制,并与其配合使用,为绿色医院建筑评价和建设工作提供更为具体的技术指导。《实施指南》章节编排也与《标准》基本对应。《实施指南》第1～3章,对我国绿色医院建筑评价工作的基本原则、有关术语、评价对象、评价阶段、评价指标、评价方法以及评价文件要求等作了阐释;第4～10章,对《标准》评价技术条文逐条给出【条文说明扩展】和【具体评价方式】。【条文说明扩展】主要是对标准正文技术内容的细化以及相关标准规范的规定,原则上不重复《标准》条文说明内容。【具体评价方式】主要是对评价工作要求的细化,包括适用的评价阶段,条文说明中所列各点评价方式的具体操作形式及相应的材料文件名称、内容和格式要求等,是对定性条文判定或评分的原则,对定量条文计算方法或工具的补充说明,明确评价时的审查要点和注意事项等。

《实施指南》的编制工作还得到了国家科技支撑计划课题"绿色建筑标准体系与不同气候区不同类型建筑重点标准规范研究"、"绿色建筑评价指标体系与综合评价方法研究"课题组专家的大力支持。

各地在《实施指南》的使用过程中，应及时总结经验，将意见建议反馈给中国建筑科学研究院（地址：北京市北三环东路30号，邮政编码：100013，E－mail：Evaluation_for_GHB@126.com），以便及时完善。

《实施指南》编制组

目　　录

1 总　　则

1.0.1 为贯彻执行国家节约资源和保护环境的基本国策，推进医院的可持续发展，规范全国绿色医院建筑的评价，制定本标准。

【说明】

建筑在其建造和使用过程中占用和消耗大量的资源，并对环境产生不利影响。医院建筑作为建筑中的耗能大户，随着医疗技术的不断进步，医院功能的不断完善，患者和医生对就医环境和工作环境舒适度的需求不断提高，医院能耗持续上升速度惊人。在我国开展绿色医院建筑评价是一项意义重大且十分迫切的任务。借鉴国际先进经验，建立一套适合我国国情的绿色医院建筑评价体系，制定并实施统一、规范的评价标准，反映医院建筑领域可持续发展理念，对积极引导绿色建筑发展，具有十分重要的意义。

1.0.2 本标准适用于新建、扩建和改建绿色医院建筑以及基础设施的评价。

【说明】

本标准适用于新建、扩建和改建绿色医院建筑以及基础设施的评价，体检中心、保健中心、疗养院等建筑在没有专业绿色建筑评价标准时可参照执行。

1.0.3 绿色医院建筑评价应因地制宜，统筹考虑并正确处理医疗功能与建筑功能之间的关系。

【说明】

由于各医院建筑在地域气候、环境资源、经济社会发展水平、医院规模、医院性质、医疗工艺流程等方面存在较大差异，因地制宜是绿色建筑建设的一条最重要的基本原则。对绿色建筑的评价，既要考虑所在地区特点、医院自身特点，也要考虑从规划设计、施工建造、运行及拆除全寿命周期的综合效益。特别是，统筹考虑医疗功能和建筑功能之间的关系。绿色建筑就是要在建筑全寿命周期内，最大限度地合理利用土地、节能、节水、节材和保护环境，同时满足医疗功能要求，结合建筑功能要求，为医护人员及病人创造适用、健康和高效的使用空间。

1.0.4 绿色医院建筑除应符合本标准外，尚应符合国家现行有关标准的规定。

【说明】

符合国家法律法规和相关标准是参与绿色医院建筑评价的前提条件。本标准重点在于对医院建筑的节约和环保性能进行评价，并未涵盖通常医院建筑和设施所应有的全部功能和性能要求，如结构安全、防火安全等，故参与评价的医院建筑尚应符合国家现行有关标准的规定。当然，绿色医院建筑的评价工作也应符合国家现行有关标准的规定。

2 术　　语

2.0.1 绿色医院建筑　green hospital building

在医院建筑的全寿命周期内以及保证医疗流程的前提下，最大限度地节约资源（节地、节能、节水、节材）、保护环境和减少污染，为病人和医护工作者提供健康、适用和高效的使用空间，与自然和谐共生的医院建筑。

2.0.2 热岛强度　heat island intensity

城市内一个区域的气温与郊区气温的差别，用二者代表性测点气温的差值表示，是城市热岛效应的表征参数。

2.0.3 非传统水源　nontraditional water source

不同于传统地表水供水和地下水供水的水源，包括再生水、雨水、海水等。

2.0.4 可再循环材料　recyclable material

通过改变物质形态可实现循环利用的回收材料。

2.0.5 可再利用材料　reusable material

不改变物质形态可直接再利用的，或经过组合、修复后可直接再利用的回收材料。

2.0.6 电磁波污染　electromagnetic pollution

医院内外发射的电磁波干扰院内精密仪器正常运行或影响建筑周边环境及患者健康的现象。

3 基本规定

3.1 基本要求

3.1.1 绿色医院建筑的评价应以单栋建筑或建筑群为评价对象。评价单栋医院建筑时，凡涉及系统性、整体性的指标，应基于该栋医院建筑所属工程项目的总体进行评价。

【说明】

单栋医院建筑和医院建筑群均可以参评绿色医院建筑。当需要对某工程项目中的单栋建筑进行评价时，由于有些评价指标是针对该工程项目设定的(如床均用地面积、绿地率)，或该工程项目中其他建筑也采用了相同的技术方案(如再生水利用)，难以仅基于该单栋建筑进行评价，此时，应以该栋建筑所属工程项目的总体为基准进行评价。

参评建筑本身不得为临时建筑，且应为完整的建筑。无论评价对象为医院建筑单体或建筑群，计算系统性、整体性指标时，要基于该指标所覆盖的范围或区域进行总体评价，计算区域的边界应选取合理、口径一致、能够完整围合。

3.1.2 绿色医院建筑的评价可分为设计阶段评价和运行阶段评价。设计阶段评价应在医院建筑工程施工图设计文件审查通过后进行，运行阶段评价应在医院建筑通过竣工验收并投入使用一年后进行。

【说明】

绿色医院建筑可以先申报设计阶段评价，待医院建筑通过竣工验收并投入使用一年后申报运行阶段评价，如本身已经通过竣工验收并投入使用一年以上，也可以直接申报运行阶段评价。

3.1.3 申请评价方应进行医院建筑全寿命期技术和经济分析，合理确定医院建筑规模，选用适当的建筑技术、设备和材料，对规划、设计、施工、运行阶段进行全过程控制，并提交相应分析、测试报告和相关文件。

【说明】

本条对申请评价方的相关工作提出要求。绿色医院建筑注重全寿命期内能源资源节约、环境保护、健康适用空间的性能，申请评价方应对医院建筑全寿命期内各个阶段进行控制，综合考虑性能、安全、耐久、经济、美观等因素，优化建筑技术、设备和材料选用，综合评估医院建筑规模、建筑技术与投资之间的总体平衡，并按本标准的要求提交相应分析、测试报告和相关文件。

3.1.4 评价机构应按本标准的第3章～第10章的具体要求，对申请评价方提交的报告、文件进行审查，出具评价报告，确定等级。对申请运行阶段评价的医院建筑，还应进行现场核查。

【说明】

绿色医院建筑评价机构依据有关管理制度文件确定。本条对绿色医院建筑评价机构的相关工作提出要求。绿色医院建筑评价机构应按照本标准的有关要求审查申请评价方提交的报告、文件，并据评价报告确定等级。对申请运行阶段评价的医院建筑，评价机构还应组织现场考察，进一步审核规划设计要求的落实情况以及医院建筑的实际性能和运行效果。

3.2 评价与等级划分

3.2.1 绿色医院建筑评价指标体系应符合下列规定：

1 评价指标体系应由场地优化与土地合理利用、节能与能源利用、节水与水资源利用、节材与材料资源利用、室内环境质量、运行管理六类指标组成；

2 本标准第9章内容不应参与设计阶段评价；

3 每类指标均应包括控制项和评分项两部分；

4 评价指标体系应统一设置创新类指标作为加分项。

【说明】

指标大类方面，医院建筑不同于常规的民用建筑，在注重节能的前提下，更强调合理的床均用地面积、容积率等，故与一般绿色民用建筑评价不同，土地利用方面强调的场地优化与土地合理利用。另外，还包括节能与能源利用、节水与水资源利用、节材与材料资源利用、室内环境质量、运行管理等方面。其中，运行管理的内容不参与设计阶段评价。

每个指标大类评价内容中，控制项为绿色医院建筑的必要条件，申请绿色医院建筑评价的项目必须满足本标准中所有控制项的要求。评分项是根据项目实际情况，依据评价条文的规定确定得分或不得分，并非每条评分项都需满足。加分项是为了绿色医院建筑在节约资源、保护环境的技术、管理上的创新和提高，将鼓励性的要求和措施条文集中在一起，单列一章。

3.2.2 控制项的评定结果应为满足或不满足；评分项和加分项的评定结果应为分值。

【说明】

控制项的评价，依据评价条文的规定确定满足或不满足。申请绿色医院建筑评价的项目，各项控制项条文的评价结果均应为满足。如有一项或多项判定为不满足，则不得取得绿色医院建筑评价标识。评分项和加分项的评价，依据评价条文的规定确定分值。

3.2.3 绿色医院建筑评价应按总得分确定等级，并应符合下列规定：

1 设计阶段评价的总得分应为场地优化与土地合理利用、节能与能源利用、节水与水资源利用、节材与材料资源利用、室内环境质量五类指标的评分项得分经加权计算后与加分项的附加得分之和；

2 运行阶段评价的总得分应为场地优化与土地合理利用、节能与能源利用、节水与水资源利用、节材与材料资源利用、室内环境质量、运行管理六类指标的评分项得分经加权计算后与加分项的附加得分之和。

【说明】

本标准依据总得分来确定绿色医院建筑的等级。考虑到各类指标重要性方面的相对差异，计算总得分时引入了权重。同时，为了鼓励绿色医院建筑技术和管理方面的提升和创新，计算总得分时还计入了加分项的附加得分。

3.2.4 评价指标体系中各指标分值分配及总分值确定方法应符合下列规定：

1 评价指标体系每类指标的总分均应为 100 分；

2 六类指标的评分项得分 Q_1、Q_2、Q_3、Q_4、Q_5、Q_6 应按参评医院建筑该类指标的评分项实际得分值乘以 100 分再除以该医院建筑理论上可获得的总分值计算；

3 各类指标理论总分值应等于参评医院建筑该类指标各参评评分项中最大分值之和。

【说明】

对于具体的参评医院建筑而言，由于所在地区气候、环境、资源等方面客观上存在差异，且具备的医疗功能、建筑规模也不相同，适用于各栋参评医院建筑的评分项的条文数量可能不一样。不适用的评分项条文可以不参评。由此，各参评医院建筑理论上可获得的总分也可能不一样。这样，适用于各参评医院建筑的评分项的条文数量和实际可能达到的满分值就小于 100 分了，称之为“实际满分”，即：

实际满分＝理论满分(100 分)－$\sum$不参评条文的分值＝$\sum$参评条文的分值

评分时，每类指标的得分：$Q_{1\sim6}$ ＝(实际得分值/实际满分)×100 分。

对某一栋具体的参评医院建筑，某一条条文或其款(项)是否参评，可根据标准条文、条文说明、本指南的补充说明进行判定。对某些标准条文、条文说明、本指南的补充说明均未明示的特定情况，该条条文或其款(项)是否参评，可根据实际情况进行判定。

3.2.5 加分项的附加得分 Q_7 应按本标准第10章的有关规定确定。

3.2.6 绿色医院建筑评价的总得分应按下式计算，其中评价指标体系六类指标评分项的权重 $w_1 \sim w_6$ 应按表3.2.6取值。

$$\sum Q = w_1 Q_1 + w_2 Q_2 + w_3 Q_3 + w_4 Q_4 + w_5 Q_5 + w_6 Q_6 + Q_7 \tag{3.2.6}$$

表3.2.6 绿色医院建筑各类评价指标的权重

分项指标 权重 / 评价阶段	场地优化与土地合理利用 w_1	节能与能源利用 w_2	节水与水资源利用 w_3	节材与材料资源利用 w_4	室内环境质量 w_5	运行管理 w_6
设计阶段评价	0.15	0.3	0.15	0.15	0.25	—
运行阶段评价	0.1	0.25	0.15	0.1	0.2	0.2

注：表中"—"表示运行管理指标不参与设计阶段评价。

【说明】

各类指标的权重经广泛征求意见和试评价后综合调整确定。

3.2.7 绿色医院建筑应分为一星级、二星级、三星级三个等级。三个等级的绿色医院建筑均应满足本标准所有控制项的要求，且每类指标的评分项得分不应小于40分。三个等级的最低总得分应分别为50分、60分、80分。

【说明】

本标准不仅要求各个等级的绿色医院建筑均应满足所有控制项的要求，而且要求每类指标的评分项得分不小于40分。对于一、二、三星级绿色医院建筑，总得分最低要求分别为50分、60分、80分。

4 场地优化与土地合理利用

4.1 控 制 项

4.1.1 项目选址应符合所在地城乡规划，且应符合各类保护区、文物古迹保护的建设控制要求。

【条文说明扩展】

各类保护区是指受到国家法律法规保护、划定有明确的保护范围、制定有相应的保护措施的区域，主要包括：基本农田保护区（《基本农田保护条例》）、风景名胜区（《风景名胜区条例》）、自然保护区（《自然保护区条例》）、历史文化名城名镇名村（《历史文化名城名镇名村保护条例》）、历史文化街区（《城市紫线管理办法》）等。

文物古迹是指人类在历史上创造的具有价值的不可移动的实物遗存，包括地面与地下的古遗址、古建筑、古墓葬、石窟寺、古碑石刻、近代代表性建筑、革命纪念建筑等，主要指文物保护单位、保护建筑和历史建筑。

【具体评价方式】

本条适用于各类医院建筑的设计阶段、运行阶段评价。

设计阶段评价：审核项目场地区位图、地形图，涉及上述政策区或文物古迹的，需提供当地城乡规划、国土、文化、园林、旅游或相关保护区等有关行政管理部门提供的法定规划文件或出具的证明文件，判断是否达标；不涉及上述政策区或文物古迹的，只要符合城乡规划的要求即为达标。一般项目，应提供所在地城市（镇）总体规划或控制性详细规划的相关图纸及文件，如总体规划的“土地利用规划图”，或控制性详细规划涉及建设项目地块的规划图则；涉及风景名胜区的项目，应提供已批复的《……风景名胜区总体规划》有关图纸及文件；涉及历史文化名城或历史文化街区的，应提供已批复的《……历史文化名城保护规划》的有关图纸及文件；如涉及某文物保护单位的，则应由所在地文化行政主管部门出具有关文件，明确提出该文保单位的保护要求；或业务主管单位部门出具符合上位法定规划的证明文件。

运行阶段评价：在设计阶段评价方法之外还应现场核实。

4.1.2 建设场地不应选择在下列区域：

1 有洪涝、滑坡、泥石流等自然灾害威胁的范围；

2 危险化学品等污染源、易燃易爆危险源威胁的范围；

3 受电磁辐射、含氡土壤等有毒有害物质的危害范围；

4 未对地震断裂带进行避让的范围。

【条文说明扩展】

本条对绿色医院建筑的选址和危险源的避让提出要求。医院建筑场地与各类危险源的距离应满足相应危险源的安全防护距离等控制要求，对场地中的不利地段或潜在危险源要采取必要的能够避让、防止、防护或控制、治理等措施，对场地中存在的有毒有害物质要采取有效的治理与防护措施进行无害化处理，确保符合各项安全标准。

用地应避开对建筑抗震不利的地段，如地震断裂带、易液化沙土以及人工填土等地段。场地的防洪设计符合现行国家标准《防洪标准》GB 50201 和《城市防洪工程设计规范》GB/T 50805 的规定，并避让具有泥石流、滑坡风险的地段。抗震防灾设计符合现行国家标准《城市抗震防灾规划标准》GB 50413 的要求，新建医院的选址及大型医院扩建工程要进行建设场地工程地质地震评价分析。多沙尘暴地区、台风飓风地区要咨询当地气象与规划部门，避开容易产生风切变的场址。土壤中氡浓度的控制应符合现行国家标准《民用建筑工程室内环境污染控制规范》GB 50325 的规定，电磁辐射符合现行国家标准《电磁辐射防护规定》GB 8702 的规定。

【具体评价方式】

本条适用于各类医院建筑的设计阶段、运行阶段评价。

设计阶段评价：审核地形图，地质灾害严重的地段、多发区提交地质灾害危险性评估报告（应包含场地稳定性及场地工程建设适应性评定内容），可能涉及污染源、电磁辐射、土壤氡的含量等需提供相关检测报告（根据《中国土壤氡概况》的相关划分，对于整体处于土壤氡含量低背景、中背景区域，且工程场地所在地点不存在地质断裂构造的项目，可不提供土壤氡浓度检测报告），核查相关污染源、危险源的防护距离或治理措施的合理性，核查项目防洪工程设计是否满足所在地防洪标准要求，核查是否符合城市抗震防灾的有关要求。

运行阶段评价：在设计阶段评价方法之外还应现场核实应对措施的落实情况及其有效性。

4.1.3 场地内无排放超标污染物，且院区内污染物排放处置符合国家现行有关标准的要求。

【条文说明扩展】

建筑场地内不能存在未达标排放或者超标排放的气态、液态或固态的污染源，例如：未达标排放的厨房油烟，未经处理排放的污水，污染物排放超标的垃圾堆等。若有污染源应积极采取相应的治理措施并达到无超标污染物排放的要求。

对放射线、电磁波、医疗废物、生活垃圾、医院污废水、粉尘和噪声等，要采取必要防护措施。

(1)控制院区内污染源对医院内外环境的影响。

1)放射性危害：

医学影像部门中的X线机、DR、CR、CT、DSA和PET－CT等设备在运行中会产生X射线，需要做X射线防护。

射线治疗部门中的直线加速器、Co60、X刀、γ刀、诺力刀、中子刀和质子刀产生γ射线、X射线等穿透力极强的射线，需要做特殊射线防护。

放射影像及放射治疗设备应严格按照医疗设备厂家所提供的设备技术参数，进行防护技术设计，使其符合国家现行有关电离辐射防护与辐射源安全基本标准、医用X射线诊断卫生防护标准的规定，核防护符合国家现行有关临床核医学卫生防护标准等的规定。防护设计要符合国家现行有关放射治疗机房的辐射屏蔽规范中电子直线加速器放射治疗机房、后装γ源近距离卫生防护标准、医用X射线治疗卫生防护标准的规定。医院无上述设备的可不参评。

2)放射性污水：

核医学(同位素)检查与治疗中产生的放射性污废水需要经衰变池处理达标后再行排放。

3)电磁波污染：

康复治疗中的高频理疗仪、MRI检查仪产生的电磁波会对其他仪器产生干扰，需要采取电磁波屏蔽措施，电磁屏蔽措施符合现行国家标准《电磁屏蔽室工程技术规范》GB/T 50719的要求；电子信息系统机房的电磁屏蔽应符合现行国家标准《电子信息系统机房设计规范》GB 50174的要求。

4)医院污废水：

医院中排放的污废水中含有病菌等有害物质，要采取化学或生物灭菌作无害化处理后再行排放。医院污废水经处理符合现行国家标准《医疗机构水污染物排放标准》GB 18466的规定后方能排入城镇排水系统。

5)医院医疗废物：

医院应当及时收集本单位产生的医疗废物，并按照类别分置于防渗漏、防锐器穿透的专用包装物或密闭的容器内。运送至医院医疗废物的暂时储存设施、设备。及时将医疗废物交由医疗废物集中处置单位处置。生活垃圾收集后在医院暂存站暂存并定期运送至城市、乡镇垃圾处理场处理。

对医院产生的医疗废物的收集、暂存和交由医疗废物集中处置单位的处置(转运和处理)应符合国务院颁布的《医疗废物管理条例》。

6)大气污染物：

燃煤锅炉产生的粉尘、硫化物等有害物质应采取除尘和脱硫处理措施，烟气的排放应符合《中华人民共和国大气污染防治法》和现行国家标准《锅炉大气污染物排放标准》GB 13271 的规定。

7)室内噪声：

医院内不同设备如水泵、风机、发动机等产生的振动与噪声影响病人休息、医务人员工作和精密医学仪器的正常运行，应采取减震消音降噪措施。

医院各建筑物的室内噪声应符合现行国家标准《民用建筑隔声设计规范》GB 50118 中关于医院建筑内有关室内允许噪声级的规定，保证较好的医疗环境。必要时增强相关部门隔间、外围的隔声构造与设计措施。

(2)院外环境对院内环境的影响与对策。

1)电磁波污染：

选址周围电磁波辐射本底水平应符合现行国家标准《电磁辐射防护规定》GB 8702 的规定，远离电视广播发射塔、雷达站、通信发射台、城市电网发电站、110kV 及以上城市变电站和高压线等，避免对医院内人群的危害以及对仪器设备的干扰。

2)环境噪声：

城市交通噪声等环境噪声影响医疗环境，医院选址应符合现行国家标准《声环境质量标准》GB 3096 的规定。

3)火灾、爆炸和有害物质危害：

医院选址应尽量避开具有火灾、爆炸、有害物质渗漏等危险的油库、工厂、仓库和化工企业等单位。防护距离参考现行国家标准《工业企业总平面设计规范》GB 50187 等有关要求。

【具体评价方式】

本条适用于各类医院建筑的设计阶段、运行阶段评价。

设计阶段评价：审核应对措施和环评报告。查看环评报告，重点关注运营期环境影响评价和污染防治措施部分，根据环评报告对废水、废气、固体废物的影响预测和污染防治措施的建议，查看图纸是否落实相关的防治措施。

运行阶段评价：在设计阶段评价方法之外还应现场核实环保措施落实情况及其有效性。现场核实污染物治理设施是否设置并运转正常，查验运行过程中的检测报告，核实废水、废气的排放是否超标，垃圾是否分类收集并及时清运等，是否及时清理中水处理站污泥并外运处理；废活性炭是否回收等等。

4.1.4 医院应规划合理，建筑的间距应满足日照要求，且不应降低周边居住类建筑的日照标准。

【条文说明扩展】

建筑的布局、间距与设计应充分考虑日照、消防、防灾、视觉卫生等技术要求，满足相应国家标准的控制要求；既有国家标准又有地方标准的，执行要求高者；没有国家标准但有地方标准的，执行地方标准；没有标准限定的，需符合所在地城乡规划的要求。

医院布局（包括高度、体型）不应对周围的住宅等具有日照要求的建筑产生日照遮挡，需要确认它们拥有日照标准规定的日照条件。建筑总体布局中也应对医院建筑住院病区的病房的日照予以考虑，保证其中50%以上的病房具有良好日照，病房前后间距应满足日照要求，且不宜小于12m。

建筑布局不仅要求本项目所有建筑都满足有关日照标准，还应兼顾周边，减少对相邻的住宅、幼儿园生活用房等有日照标准要求的建筑产生不利的日照遮挡。条文中的“不降低周边建筑的日照标准”是指：①对于新建项目的建设，应满足周边建筑有关日照标准的要求。②对于改造项目分两种情况：周边建筑改造前满足日照标准的，应保证其改造后仍符合相关日照标准的要求；周边建筑改造前未满足日照标准的，改造后不可再降低其原有的日照水平。

【具体评价方式】

本条适用于各类医院建筑的设计阶段、运行阶段评价。

设计阶段评价：审核建筑总平面图等设计文件和日照模拟分析报告。

运行阶段评价：在设计阶段评价方法之外还应核实竣工图及其日照模拟分析报告或现场核实。

4.2 评 分 项

4.2.1 合理开发利用土地，在保证功能和环境要求的前提下节约土地。本条评价总分值为18分，并应按表4.2.1的规则评分。

表4.2.1 新建医院建设用地的评分要求

评价内容		得分
符合城乡规划有关控制要求		2
采用合理的床均用地面积	在相关医院建设标准的规定值±5%以内	7
	小于相关医院建设标准的规定值5.1%～25%以内	6
	小于相关医院建设标准的规定值25.1%～40%	4
采用合理的容积率	3.01～4.00	3
	1.0～1.39，1.81～3.00	6
	1.40～1.80	9

【条文说明扩展】

本条强调了节约集约利用土地和医院功能性用地要求相平衡的评价要求。节约用地是我国进行建设的基本原则，在保证使用功能和安全卫生的前提下，应尽可能科学合理地使用建设用地，并符合国家现行有关医院建设标准的规定。原卫生部规划财务司2008年紧急发布了《综合医院建设标准》等14个医疗卫生机构建设与装备标准，部分建设标准尚待有关部门完成审批程序，其中有关床均用地面积的指标可供参考。如某类医疗卫生机构没有相关建设标准，可参考现行国家标准《综合医院建设标准》GB 51039执行。

【具体评价方式】

本条适用于各类医院建筑的设计阶段、运行阶段评价。

设计阶段评价：审核相关设计文件。

运行阶段评价：审核相关竣工图纸。

4.2.2 合理设置绿化用地。本条评价总分值为 8 分，并应按表 4.2.2 的规则评分。

表 4.2.2 绿化用地设置的评分要求

评价内容		得分
绿地率	符合当地控制性详细规划的要求且不低于 30%但不高于 35%	2
	高于当地控制性详细规划的要求且不低于 35%但不高于 40%	4
	高于当地控制性详细规划的要求 40%	6
绿地向社会开放		2

【条文说明扩展】

绿地率指建设项目用地范围内各类绿地面积的总和占该项目总用地面积的比率(%)。各类绿地面积包括公共绿地、建筑旁绿地、公共服务设施所属绿地和道路绿地(道路红线内的绿地)，包括满足当地植树绿化覆土要求、方便出入的地下或半地下建筑的屋顶绿化等所有园林部门认可的绿地。合理设置绿地可起到改善和美化环境、调节小气候、缓解城市热岛效应等作用。

鼓励医院建筑项目优化建筑布局提供更多的绿化用地，创造更加宜人的公共空间。鼓励绿地或绿化广场设置休憩等设施并定时向社会公众免费开放，以提供更多的公共活动空间。

【具体评价方式】

本条适用于各类医院建筑的设计阶段、运行阶段评价。

设计阶段评价：审核相关设计文件中的相关技术经济指标，内容应包括项目总用地面积、绿地面积、绿地率；检查设计文件中是否体现了绿地将向社会公众开放的设计理念。

运行阶段评价：在设计阶段评价方法之外应核实竣工图或现场核实绿地、公共绿地及绿地向社会公众开放的落实情况。

某建设项目中的局部进行申报的项目，应以该局部所属工程项目的总体绿地率进行评价。

4.2.3 合理开发利用地下空间。本条评价总分值为9分，并应按表4.2.3的规则评分。

表 4.2.3 地下空间利用的评分要求

<table>
<tr><th colspan="2">评价内容</th><th>得分</th></tr>
<tr><td colspan="2">合理协调地上及地下空间的承载、震动、污染、采光及噪声等问题，避免对既有设施造成损害，预留用地具备与未来设施连接的可能性</td><td>1</td></tr>
<tr><td rowspan="2">地下建筑面积与总用地面积之比 R_{p1}；
地下一层建筑面积与总用地面积的比率 R_{p2}</td><td>$R_{p1} \geqslant 0.5$</td><td>3</td></tr>
<tr><td>$R_{p1} \geqslant 0.7$ 且 $R_{p2} < 70\%$</td><td>6</td></tr>
<tr><td colspan="2">人员活动频繁的地下空间合理设置引导标志及无障碍设施</td><td>1</td></tr>
<tr><td colspan="2">与周边或院区内相关建筑的地下空间设有联通通道</td><td>1</td></tr>
</table>

【条文说明扩展】

由于地下空间的利用受诸多因素制约，因此无法利用地下空间的项目应提供相关说明，经论证场地区位和地质条件、建筑结构类型、建筑功能性质确实不适宜开发地下空间的，本条可不参评。

开发利用地下空间是城市节约集约用地的重要措施之一。地下空间的开发利用应与地上建筑及其他相关城市空间紧密结合、统一规划，但从雨水渗透及地下水补给、减少径流外排等生态环保要求出发，地下空间也应利用有度、科学合理。科学地协调地上及地下空间的功能、承载、震动、污染、采光及噪声等问题，满足人防、消防及防灾等规范要求；人员活动频繁的地下空间应满足空间使用的安全、便利、舒适及健康等方面的要求，合理设置引导标志及无障碍设施。

【具体评价方式】

本条适用于各类医院建筑的设计阶段、运行阶段评价。

设计阶段评价:审核设计图纸及相关设计技术经济指标,审核地下空间设计的合理性,核查地下建筑面积与总用地面积之比,同时核查地下一层建筑面积与总用地面积的比率。

运行阶段评价:在设计阶段评价方法之外核查竣工图的相关指标。

4.2.4 医疗区、科研教学区、行政后勤保障区科学规划、合理分区。传染病院、医院传染科病房、焚烧炉等考虑城市常年主导风向对周边环境的影响并设置足够的防护距离。当上述地区受用地限制无法避让周边环境影响时,在适当的防护距离处设置绿化隔离带。本条评价总分值为7分,并应按表4.2.4的规则评分。

表4.2.4 规划布局及分区的评分要求

评价内容	得分
规划布局合理	2
建筑朝向、病房楼的日照满足要求,且有利于自然采光	2
建筑布局有利于自然通风	1
感染疾病科病房的位置合理并设置了有效隔离	2

【条文说明扩展】

医院总体规划应优先满足医疗服务的功能需要,科学合理地规划人流、物流、信息流,选择恰当的建筑布局,体现布局合理、流程科学、卫生安全、经济高效。医院总体规划应符合现行国家标准《综合医院建筑设计规范》GB 51039的要求。同时要适当考虑医院的发展需要,预留一定的用地,并考虑其位置设置的合理性,以及与其他医疗功能衔接的可能性和合理性。有事先划定的场地,必要时供搭建临时医疗场所使用,以应对次生灾害的影响。

在总体规划阶段最大限度地利用自然环境条件减少对能源的

需求，为本标准医院建筑其他“绿色”措施得以实现的基本前提之一。建筑布局应有利于冬季日照并避开冬季主导风向，夏季有利于自然通风。建筑采光通风设计、建筑与地理环境的有机结合等需采取相应措施。

为保证传染病医院和医院感染科病房的有效卫生隔离，在选址上应尽量远离人群密集活动区域。

【具体评价方式】

本条适用于各类医院建筑的设计阶段、运行阶段评价。

设计阶段评价：审核医院总体规划、日照分析、工程设计等施工图及室外风环境模拟分析报告。

运行阶段评价：审核医院总体规划、日照分析、工程设计等竣工图及室外风环境模拟分析报告。

4.2.5 建筑及照明设计避免产生光污染。本条评价总分值为4分，并应按表4.2.5的规则评分。

表4.2.5 建筑及照明设计避免光污染的评分要求

评价内容		得分
建筑外围护结构	建筑外围护结构未采用玻璃幕墙	2
室外照明设计满足现行行业标准《城市夜景照明设计规范》JGJ/T 163关于光污染控制的相关要求，并避免夜间室内照明产生溢光		2

【条文说明扩展】

建筑物光污染包括建筑反射光（眩光）、夜间的室外照明、室内照明的溢光以及广告照明等造成的光污染。光污染产生的眩光会让人感到不舒服，还会使人降低对灯光信号等重要信息的辨识力，甚至带来道路安全隐患；此外夜间会使得夜空的明亮度增大，不仅对天体观测等造成障碍，还会对人造成不良影响。

光污染控制对策包括降低建筑物表面（玻璃、涂料）的可见光反射比，合理选配照明器具，并采取防止溢光措施等。

现行国家标准《玻璃幕墙光学性能》GB/T 18091已把玻璃幕墙的光污染定义为有害光反射；对玻璃幕墙的可见光反射比已作

规定，最大不得大于0.3，在市区、交通要道、立交桥等区域可见光反射比不得大于0.16。广州、上海等地方标准已明确玻璃幕墙的可见光反射比不得超过0.2。本条以地方标准中的较高要求作为约束条件。医院建筑应尽量避免使用镜面反光型的铝合金饰面或玻璃幕墙，减少能耗且避免其对周围环境产生光污染。若无玻璃幕墙，则该部分得分为满分2分。

室外照明设计应满足现行行业标准《城市夜景照明设计规范》JGJ/T 163关于光污染控制的相关要求；同时避免夜间室内照明溢光，或者所有室内非应急照明在非运营时间能够自动控制关闭，包括在工作时间外可手动关闭。不合理的夜间照明会干扰住院病人的休息，应予避免。

【具体评价方式】

本条适用于各类医院建筑的设计阶段、运行阶段评价。

设计阶段评价：审核光污染分析专项报告、玻璃的光学性能检验报告、灯具的光度检验报告、照明设计方案(含计算书)、照明施工图。

运行阶段评价：在设计阶段评价方法之外还应现场核查竣工图、光污染分析专项报告、玻璃的进场复验报告、灯具的进场复验报告等相关检测报告，并现场核实玻璃幕墙的可见光反射比是否符合标准要求。

4.2.6 场地内环境噪声应符合现行国家标准《声环境质量标准》GB 3096的规定。本条评价总分值为4分，并应按表4.2.6的规则评分。

表4.2.6 场地内环境噪声的评分要求

评价内容		得分
声环境功能区噪声值	主干路达到4类声环境功能区噪声限值，次干路达到2类声环境功能区噪声限值	2
	主、次干路均达到2类声环境功能区噪声限值	3
	主、次干路均达到1类声环境功能区噪声限值	4

【条文说明扩展】

环境噪声是绿色建筑的评价重点之一。绿色建筑设计应对场地周边的噪声现状进行检测，并对规划实施后的环境噪声进行预测，必要时采取有效措施改善环境噪声状况，使之符合现行国家标准《声环境质量标准》GB 3096 中对于不同声环境功能区噪声标准的规定。病房楼、宿舍等居住类用房不宜紧邻城市主干道，当拟建噪声敏感建筑不能避免临近交通干线，或不能远离固定的设备噪声源时，需要采取措施降低噪声干扰。

需要说明的是，噪声监测的现状值仅作为参考，分析报告中需结合场地环境条件的变化（如道路车流量的增长）进行对应的噪声改变情况预测。

【具体评价方式】

本条适用于各类医院建筑的设计阶段、运行阶段评价。

设计阶段评价：审核环境噪声影响评估报告（含现场测试报告）以及噪声预测分析报告，如果环评报告中包含噪声预测分析的相关内容，则可不单独提供噪声预测分析报告。

运行阶段评价：在设计阶段评价方法之外还应现场测试是否达到要求。采取适当的隔离或降噪措施后达到评价要求同样得分。

4.2.7 场地内风环境有利于冬季室外行走舒适及过渡季、夏季的自然通风并设置有候车设施。本条评价总分值为 8 分，并应按表 4.2.7 的规则评分。

表 4.2.7 场地内风环境的评分要求

评价内容	得分
冬季典型风速和风向条件下，建筑物周围人行区风速低于 5m/s，且室外风速放大系数小于 2	2
除迎风第一排建筑外，建筑迎风面与背风面表面风压差不超过 5Pa	2
过渡季、夏季典型风速和风向条件下，场地内人活动区不出现涡旋或无风区；或 50%以上建筑的可开启外窗表面的风压差大于 0.5Pa	2
设置候车设施	2

【条文说明扩展】

近年来，再生风和二次风环境问题逐渐凸现。由于建筑单体设计和群体布局不当而导致行人举步维艰或强风卷刮物体撞碎玻璃的报道屡见不鲜，造成医院环境的不安全。此外，室外风环境还与室外热舒适及室内自然通风状况密切相关。

基于研究结果，建筑物周围人行区距地 1.5m 高处风速小于 5m/s 是不影响人们正常室外活动的基本要求。一般来说，经过迎风区第一排建筑的阻挡之后，绝大多数板式建筑的迎风面与背风面(或主要开窗)表面平均风压系数差约为 0.2～0.4，风速 3.5m/s～5m/s，因此对应的表面风压差不会超过 5Pa。验算时只需要取第 2 排建筑迎风面与背风面(或主要开窗)表面风压差进行核算即可进行判断。

夏季、过渡季自然通风对于建筑节能十分重要，此外，还涉及室外环境的舒适度，病人对室外风环境较常人敏感，病人室外活动区、室外静坐区要求可适当提高。另外，夏季、过渡季通风不畅还会严重地阻碍风的流动，在某些区域形成无风区和涡旋区，这对于室外散热和污染物消散是非常不利的，不仅会影响人的舒适程度，甚至会引发人群的生理不适甚至中暑，应予以避免。0.25m/s 是人所能感受到的最低风速。考虑大多数地区的夏季、过渡季来流风速约为 2m/s，第一排建筑的风压系数差超过 1，第 2 排约 0.2～0.4，50％的建筑迎风面与背风面(或主要开窗)表面风压差达到 0.5Pa 是不难实现的。

室外风环境模拟的边界条件和基本设置需满足以下规定：

(1)计算区域：建筑覆盖区域小于整个计算域面积 3％；以目标建筑为中心，半径 $5H$ 范围内为水平计算域。建筑上方计算区域要大于 $3H$；H 为建筑主体高度。

(2)模型再现区域：目标建筑边界 H 范围内应以最大的细节要求再现。

(3)网格划分：建筑的每一边人行高度区 1.5m 或 2m 高度应

划分10个网格或以上；重点观测区域要在地面以上第3个网格或更高的网格内。

(4)入口边界条件：入口风速的分布应符合梯度风规律，并以距离模拟场地最近的城市气象站10m高处风速为来流风速，并按照指数为0.22的情况设置。处于郊区或城市空旷地带的场地幂指数应为0.2；或者满足ASHRAE 90.1—2007 Fundamental手册中的规定。

(5)地面边界条件：对于未考虑粗糙度的情况，采用指数关系式修正粗糙度带来的影响；对于实际建筑的几何再现，应采用适应实际地面条件的边界条件；对于光滑壁面应采用对数定律。

(6)湍流模型选择：标准k—e模型。高精度要求时采用Durbin模型或MMK模型；

(7)差分格式：避免采用一阶差分格式。

输出结果：

1)不同季节不同来流风速下，模拟得到的场地内1.5m高处的风速分布；

2)不同季节不同来流风速下，模拟得到的室外活动区的风速放大系数。

3)不同季节不同来流风速下，模拟得到的建筑首层及以上典型楼层迎风面与背风面(或主要开窗)表面的压力分布。

在严寒和寒冷的多风地区，医院主要患者出入口宜考虑设置遮风候车设施；在夏热冬暖和夏热冬冷地区，医院主要患者出入口宜考虑设置遮阳候车设施。

【具体评价方式】

本条适用于各类医院建筑的设计阶段、运行阶段评价。

设计阶段评价：审核相关施工图及风环境模拟计算报告。

运行阶段评价：审核相关竣工图，现场实测或检验工程是否全部按照设计进行施工，验证是否符合设计要求。

4.2.8 采取措施降低热岛强度。本条评价总分值为4分，并应按

表4.2.8的规则评分。

表 4.2.8 降低热岛强度措施的评分要求

评价内容	得分
红线范围内户外活动场地有乔木、构筑物遮阴措施的面积达到20%	2
超过70%的道路路面、建筑屋面的太阳辐射反射系数不小于0.4	2

【条文说明扩展】

设备散热、建筑墙体及路面的辐射散热是造成建筑物及其周边热环境恶化的主要原因。这些散热不仅与建筑周围的环境恶化密切相关，而且也是造成城市热岛效应的原因之一。本条采用两种方式对此进行评价：①夏季典型日室外日平均热岛强度；②为改善建筑用地内部以及周边地域的热环境、获得舒适微气候环境所采取的措施。

设计阶段可以通过模拟判断夏季典型日（典型日为夏至日或大暑日）的日平均热岛强度（8：00～18：00的平均值）是否达到不高于1.5℃的要求。热岛模拟可通过计算流体动力学（CFD）完成，为了方便起见，可以只比较9：00、12：00、15：00以及18：00四个典型时刻结果的平均值。

当不便于进行热岛模拟时，也可根据采取的具体技术措施来评分。

户外活动场地包括：步道、庭院、广场、儿童活动场地和停车场。遮阴措施包括绿化遮阴、构筑物遮阴、建筑自遮挡。绿化遮阴面积按照成年乔木的树冠投影面积计算；构筑物遮阴面积按照构筑物投影面积计算；建筑自遮挡面积按照夏至日8：00～16：00内有4h处于建筑阴影区域的户外活动场地面积计算。

建筑立面（非透明外墙，不包括玻璃幕墙）、屋顶、地面、道路采用太阳辐射反射系数较大的材料，可降低太阳得热或蓄热，降低表面温度，达到降低热岛效应、改善室外热舒适的目的。

【具体评价方式】

本条适用于各类医院建筑的设计阶段、运行阶段评价。

设计阶段评价：审核室外景观总平图、乔木种植平面图、构筑物设计详图，需含构筑物投影面积值、户外活动场地遮阴面积比例计算书；屋面做法详图及道路铺装详图；屋面、道路表面建材的太阳辐射反射系数统计表。

运行阶段评价：在设计阶段评价方法之外还应核实各项设计措施的实施情况、审核建筑屋面、道路表面建材的太阳辐射反射系数检验报告。

4.2.9 建筑场地与公共交通具有便捷的联系。本条评价总分值为7分，并应按表4.2.9的规则评分。

表 4.2.9 场地与公共交通联系的评分要求

评价内容		得分
医院院区主入口到达公共交通站点的步行距离	到达公交车站不超过400m或轨道交通站点不超过700m	2
	到达公交车站不超过200m或轨道交通站点不超过500m	3
医院院区主入口400m范围内设有公共交通站点（含公共汽车站和轨道交通站）		2
有便捷的专用人行通道联系公共交通站点		2

【条文说明扩展】

优先发展公共交通是缓解城市交通拥堵问题的重要措施，医院是具有大量人流与车流集散的公共建筑，鼓励利用以公共交通为主的低碳出行模式，因此建筑与公共交通联系的便捷程度十分重要。为便于建筑使用者选择公共交通出行，在医院建筑的选址与场地规划中应重视其主要出入口的设置方位并设置便捷的步行通道，形成与公共交通站点的有机联系，如建筑外的平台直接通过天桥与公交站点相连，或建筑的部分空间与地面轨道交通站点出入口直接连通，地下空间与地铁站点直接相连，步行线路设计是否便捷合理等。根据一般经验，500m是正常人步行5min～10min的距离，800m则需步行8min～

16min。场地400m范围内有多条公共交通线路(含公共汽车和轨道交通)设置的站点,便于鼓励公交出行、方便患者。

【具体评价方式】

本条适用于各类医院建筑的设计阶段、运行阶段评价。

设计阶段评价:审核规划设计文件中的相关图纸:建筑总平面图、场地周边公共交通设施布局图(如有企业班车或学校校车线路图,算1条)、场地到达公交站点的步行线路示意图(图中应标出场地出入口到达公交站点的距离)以及建筑与公共交通站点相接的专用通道、连接口等相关图纸;对于本条的第三评分项,设计阶段评价是否有"便捷的人行通道"的空间范围是场地本身及与场地直接相连的道路中的人行通道空间。如建筑设置平台直接通过天桥与公交站点相连,建筑设置出入口与轨道交通站点出入口直接连通,或设置了专用的人行通道,并与城市道路的步行系统相连,满足连接公共交通站点的要求。

运行阶段评价:在设计阶段评价方法之外应提供竣工图及现场照片并现场核实。

4.2.10 场地内人行通道均采用无障碍设计,并与建筑场地外人行通道无障碍连通。本条评价总分值为2分,并应按表4.2.10的规则评分。

表4.2.10 无障碍设计及连通的评分要求

评价内容	得分
场地内人行通道均采用无障碍设计,且与建筑场地主要出入口人行通道无障碍连通	2

【条文说明扩展】

场地与建筑及场地内外联系的无障碍设计是绿色出行的重要组成部分,是保障各类人群方便、安全出行的基本设施,尤其是医院。而建筑场地内部与外部人行系统的连接是目前无障碍设施建设的薄弱环节,医院建筑作为城市的有机单元,其无障碍设施建设应纳入城市无障碍系统,并符合现行国家标准《无障碍设计规范》

GB 50763 的要求。

【具体评价方式】

本条适用于各类医院建筑的设计阶段、运行阶段评价。

设计阶段评价：审核规划设计文件中的相关图纸：建筑总平面图、总图的竖向及景观设计文件。重点审查建筑的主要出入口是否满足无障碍要求，场地内的人行系统以及与外部城市道路的连接是否满足无障碍要求。

运行阶段评价：在设计阶段评价方法之外应提供竣工图纸、现场照片并核实。场地内盲道的设置，本标准不作为重点进行审查。

4.2.11 合理设置停车场所。本条评价总分值为 5 分，并应按表 4.2.11 的规则评分。

表 4.2.11 停车场所设置的评分要求

评价内容		得分
自行车停车	自行车停车设施位置合理、方便出入，且有遮阳防雨和安全防盗措施	2
机动车停车	采用机械式停车库、地下停车库或停车楼等方式节约集约用地	3
	采用错时停车方式向社会开放，提高停车场(库)使用效率	

【条文说明扩展】

做好院区交通规划，将一般门诊、急诊人群与使用急救车辆的急诊人群合理分流，并按照人车分行的原则组织好各类交通。审核周边交通状况和场地的道路组织。对 500 床及以上大中型医院应进行交通评估，由城市规划部门和交通部门提出审核意见。同时，机动车停车除符合所在地控制性详细规划要求外，还应按照国家和地方有关标准适度设置地面临时停车车位，并科学管理、合理规划组织交通流线、统筹安排机动车停车场所，不挤占和干扰行人活动空间。鼓励采用机械式停车库、地下停车库等方式节约集约用地，同时也鼓励采用错时停车方式向社会开放，提高停车场所使用效率。

鼓励使用自行车等绿色环保的交通工具,在细节上为绿色出行提供便利条件,设计安全方便、规模适度、布局合理,符合使用者出行习惯的自行车停车场所。在建筑运行阶段,要求为自行车停车设施提供必要的安全防护措施,如配置门锁、安全监护设施或专人看管等。

【具体评价方式】

本条适用于各类医院建筑的设计阶段、运行阶段评价。

设计阶段评价:审核规划设计文件中的相关图纸,包括总平面[注明自行车库(棚)的位置,地面停车场位置],自行车库(棚)及附属设施设计施工图,停车场(库)设计施工图,提供错时停车管理制度证明、地面交通流线分析图等。自行车库(棚)的设置数量,满足或高于规划条件中的要求(如没有考虑自行车停车则判定不得分),在地面需考虑设置遮阳篷及防盗护栏。机动车停车的数量和位置应满足规划条件的要求。

如未设自行车停车设施的原则上不能得 2 分,但如有特殊情况,如大连、重庆等山地城市不适宜使用自行车作为交通工具的,或西藏、新疆等人口稀少的省份中建筑场地较为偏僻的情况,不采用自行车作为交通工具的可以考虑不参评。

运行阶段评价:审核相关竣工图、机械车库或地下车库的实景照片及错时停车管理记录并现场核实是否确实施行了错时向社会开放停车空间。

4.2.12 急救车采用绿色通道设计。严寒和寒冷地区医院建筑的急救部出入口,采取急救车入室设计或设置避风半开放门廊。本条评价总分值为 3 分,并应按表 4.2.12 的规则评分。

表 4.2.12 急救车绿色通道设计的评分要求

评价内容	得分
急救车采用绿色通道设计	2
严寒和寒冷地区急救车入室设计或设置避风半开放门廊	1

【条文说明扩展】

绿色医院同时也强调更人性化的设计，将气候条件对病人舒适性的影响降至最低。在500床以上的大中型医院实际运营过程中，急救车在寒冷季节或极端天气(如大风、暴雨或大雪天气等)在急救部出入口停靠后将病人由室外转运至室内时，病人会短时经过室外，室外气候对救治存在不利影响。急救车入室设计也有利于对病人隐私的保护。

【具体评价方式】

本条适用于500床以上的大中型医院建筑的设计阶段、运行阶段评价。500床以下医院本条不参评。

设计阶段评价：审核规划设计文件。

运行阶段评价：审核规划设计文件并进行现场核实。

4.2.13 场地内生态保护结合现状地形地貌进行场地设计与建筑布局，保护场地内原有的自然水域、湿地和植被，采取生态恢复或补偿措施，充分利用表层土。本条评价总分值为3分，并应按表4.2.13的规则评分。

表4.2.13 场地内生态保护的评分要求

评价内容	得分
结合现状地形地貌进行场地设计与建筑布局，保护场地内原有的自然水域、湿地和植被，采取生态恢复或补偿措施，充分利用表层土	3

【条文说明扩展】

建设项目的规划设计应对场地可利用的自然资源进行勘查，充分利用原有地形地貌进行场地设计和建筑布局，尽量减少土石方量，减少开发建设过程对场地及周边环境生态系统的改变，包括原有植被、水体、山体等，特别是胸径在15cm～40cm的中龄期以上的乔木。因此，在建设过程中确需改造场地内的地形、地貌等环境状态时，应在工程结束后及时采取生态复原措施，减少对原场地环境的破坏。表层土含有丰富的有机质、矿物质和微量元素，适合植物和微生物的生长，场地表层土的保护和回收利用是土壤资源保护、维持生物多样性的重要方法之一。建设项目的场地施工应合理安排，分类收集、保存并利用原场地的表层土。若原场地无自然水体或中龄期以上的乔木、不存在可利用或可改良利用的表层土的项目，可不参评。

【具体评价方式】

本条适用于各类医院建筑的设计阶段、运行阶段评价。

设计阶段评价：审核场地原地形图及带地形的规划设计图、表层土利用方案、乔木等植被保护方案、水面保留方案总平面图、竖向设计图、景观设计总平面图。

运营阶段评价：需现场核实地形地貌与原设计的一致性，现场核实原有场地自然水域、湿地和植被的保护情况。对场地的水体和植被进行了改造的项目，审核水体和植被修复改造过程的照片和记录，核实修复补偿情况；审核表层土收集、堆放、回填过程的照片、施工组织文件和施工记录，以及表层土收集利用量的计算书。

4.2.14 充分利用场地空间合理设置绿色雨水基础设施，超过 $10hm^2$ 的场地进行雨水专项规划设计。本条评价总分值为 6 分，并应按表 4.2.14 的规则评分。

表 4.2.14 绿色雨水规划及设施的评分要求

评价内容	得分
下凹式绿地、雨水花园等有调蓄雨水功能的绿地和水体的面积之和占绿地面积的比例不小于 30%	2
合理衔接和引导屋面雨水、道路雨水进入地面生态设施，并设置相应的径流污染控制措施	2
硬质铺装地面中透水铺装面积的比例不小于 50%	2

【条文说明扩展】

绿色雨水基础设施是一种由诸如林荫街道、湿地、林地、自然植被区等开放空间和自然区域组成的相互联系的网络，其典型设施有雨水花园、下凹式绿地、屋顶绿化、植被浅沟、雨水截流设施、渗透设施、雨水塘、雨水湿地、景观水体、多功能调蓄设施等。

实践证明，小型的、分散的雨水管理措施尤其适用于建设场地的开发，这些措施不仅能有效地控制场地内部的径流，还能从源头防止径流外排对周边场地和环境形成洪涝和污染，从根本上避免了大规模终端控制措施占地面积大、成本高、管理维护复杂、控制效果不理想等问题。

合理开发利用地面空间设置雨水基础设施，不仅是地面空间开发的问题，还应该包括合理的整体规划布局，如合理利用植被缓冲带和前处理塘连接，引导硬质铺装上的雨水进入场地开放空间；合理引导屋面雨水和道路雨水进入地面生态设施等，保证雨水排放和滞蓄过程中有良好的衔接关系，并有效保障自然水体和景观水体的水质、水量安全。

利用场地的河流、湖泊、水塘、湿地、低洼地作为雨水调蓄设施，以减少后天设计人工池体进行调蓄或者先破坏再恢复的开发方式；其次利用场地内设计景观（如景观绿地和景观水体）来调蓄雨水，可达到有限土地资源多功能开发的目标，并避免开发过程中由于缺乏沟通导致多套系统进行单独设计，浪费大量资金和土地。能调蓄雨水的景观绿地包括下凹式绿地、雨水花园、树池、干塘等。

透水铺装地面的基层应采用强度高、透水性能良好、水稳定性好的透水材料，根据路面使用功能不同，宜采用级配碎石或透水混凝土。透水铺装材料性能及铺装技术要求可遵循国家或项目所在地现行相关标准，如《建筑与小区雨水利用工程技术规范》GB 50400—2006、《透水沥青路面技术规程》CJJ/T 190—2012、《透水路面砖和透水路面板》GB/T 25993—2010、《砂基透水砖工程施工及验收规程》CECS 244：2008、《透水水泥混凝土路面技术规程》CJJ/T 135—2009、《城市道路——透水人行道铺设》10MR204、《透水砖路面施工与验收规程》DB11/T 686—2009 等。

【具体评价方式】

本条适用于各类医院建筑的设计阶段、运行阶段评价。湿陷性黄土地区本条可不参评。

设计阶段评价:审核地形图、场地规划设计文件、施工图文件(含总图、景观设计图、室外给排水总平面图、计算书等)、场地雨水综合利用方案或雨水专项规划设计(场地大于10hm^{2}的应提供雨水专项规划设计,没有提供的本条不得分)。

运行阶段评价:在设计阶段评价内容之外还应现场核查设计要求的实施情况。

4.2.15 合理规划地表与屋面雨水径流,对场地雨水实施外排总量控制。本条评价总分值为6分,并应按表4.2.15的规则评分。

表4.2.15 雨水径流规划的评分要求

评价内容		得分
场地年径流总量控制率	场地年径流总量控制率不低于55%但低于70%	3
	场地年径流总量控制率不低于70%但低于85%	6

【条文说明扩展】

年径流总量控制率定义为:通过自然和人工强化的入渗、调蓄和收集回用,场地内累计一年得到控制的雨水量占全年总降雨量的比例。

在自然地貌或绿地的情况下,径流系数通常为0.15左右,故本条设定的年径流总量控制率不宜超过85%。

本条意在对场地雨水实施减量控制,雨水设计应协同场地、景观设计,采用屋顶绿化、透水铺装等措施降低地表径流量,同时利用下凹式绿地、浅草沟、雨水花园等加强雨水入渗。滞蓄、调节雨水外排量,也可根据项目的用水需求收集雨水回用,实现减少场地雨水外排的目标。

年径流总量控制率达到55%、70%或85%时对应的降雨量(日值)为设计控制雨量。设计控制雨量的确定要通过统计学方法获得,计算方法见表4.2.15-1。将多年的降雨量日值按雨量大小分类,统计小于某一降雨量的降雨总量(小于该降雨量的按真实雨量计算出降雨总量,大于该降雨量的按该降雨量计算出降雨总量,两者累计总和)在总降雨量中的比例,对应比例为55%、70%或

85％(即年径流总量控制率)时的降雨量(日值)作为设计控制雨量。统计年限不同时,不同控制率下对应的设计雨量会有差异,考虑气候变化的趋势和周期性,推荐采用30年,特殊情况除外。

表4.2.15－1 北京市多年降雨资料统计计算表

序号	降雨量(日值)(mm)	30年场次	区间累计降雨量(mm)	区间年均累计降雨量(mm)	某区间及以下年均累计雨量(mm)	某区间及以下累计雨量比例(％)
	A	B	C	D	E	F
1	0.1～2	996	673	22.4	22.4	4.1
2	2.1～4	271	786.1	26.2	48.6	8.9
3	4.1～6	147	725.1	24.2	72.8	13.4
4	6.1～8	117	822.3	27.4	100.2	18.4
5	8.1～10	94	842.3	28.1	128.3	23.6
6	10.1～12	55	607.2	20.2	148.5	27.3
7	12.1～14	51	662.3	22.1	170.6	31.4
8	14.1～16	36	541.3	18.0	188.7	34.7
9	16.1～18	28	477.5	15.9	204.6	37.6
10	18.1～20	29	549.5	18.3	222.9	41.0
11	20.1～25	68	1548	51.6	274.5	50.5
12	25.1～30	48	1317.6	43.9	318.4	58.6
13	30.1～35	34	1112.2	37.1	355.5	65.4
14	35.1～40	21	804.6	26.8	382.3	70.3
15	40.1～45	18	763.5	25.5	407.8	75.0
16	45.1～50	10	466.3	15.5	423.3	77.8
17	50.1～55	13	675.7	22.5	445.8	82.0
18	55.1～60	6	348.9	11.6	457.4	84.1
19	60.1～70	16	1037.8	34.6	492.0	90.5

续表 4.2.15-1

序号	降雨量（日值）(mm)	30年场次	区间累计降雨量(mm)	区间年均累计降雨量(mm)	某区间及以下年均累计雨量(mm)	某区间及以下累计雨量比例(%)
20	70.1～80	5	378.5	12.6	504.7	92.8
21	80.1～90	1	84.4	2.8	507.5	93.3
22	90.1～100	4	371.3	12.4	519.8	95.6
23	100.1～160	6	718.4	23.9	543.8	100.0
24	＞160	0	0	0.0	543.8	100.0

上表中各项统计计算数据以 A、B、C、D、E、F 分别指代其中 $D=C/$统计年限，$E_n=D_n+E_n-1$，$F=E/543.8$。

计算示例如下：

为得到年径流总量控制率为85%所对应的设计控制雨量，分别选取2个降雨量（日值）：30mm 及 35mm，其所对应的累计雨量比例分别为58.6%、65.4%。

在降雨量（日值）为30mm情况下，所能达到的年径流总量控制率（K_1）为：

$K_1=F+$大于30mm的降雨场次$\times30/$(统计年限$\times543.8$)
$=58.6\%+[(34+21+18+10+13+6+16+5+1+4+6)\times30]/(30\times543.8)=83.2\%$

在降雨量（日值）为35mm情况下，所能达到的年径流总量控制率（K_2）为：

$K_2=F+$大于35mm的降雨场次$\times35/$(统计年限$\times543.8$)
$=65.4\%+[(21+18+10+13+6+16+5+1+4+6)\times35]/(30\times543.8)=86.9\%$

通过内插法计算可得：在降雨量（日值）为32.5mm的情况下（即设计控制雨量为32.5mm），年径流总量控制率可达到85%。

因此通过建筑所在区域的降雨资料统计数据，可得出年径流总量控制率对应的设计控制雨量，部分地区年径流总量控制率对应的设计控制雨量见表 4.2.15-2。

表 4.2.15-2 年径流总量控制率对应的设计控制雨量

城市	年均降雨量（mm）	年径流总量控制率对应的设计控制雨量(mm)		
		55%	70%	85%
北京	544	11.5	19.0	32.5
长春	561	7.9	13.3	23.8
长沙	1501	11.3	18.1	31.0
成都	856	9.7	17.1	31.3
重庆	1101	9.6	16.7	31.0
福州	1376	11.8	19.3	33.9
广州	1760	15.1	24.4	43.0
贵阳	1092	10.1	17.0	29.9
哈尔滨	533	7.3	12.2	22.6
海口	1591	16.8	25.1	51.1
杭州	1403	10.4	16.5	28.2
合肥	984	10.5	17.2	30.2
呼和浩特	396	7.3	12.0	21.2
济南	680	13.8	23.4	41.3
昆明	988	9.3	15.0	25.9
拉萨	442	4.9	7.5	11.8
兰州	308	5.2	8.2	14.0
南昌	1609	13.5	21.8	37.4
南京	1053	11.5	18.9	34.2
南宁	1302	13.2	22.0	38.5
上海	1158	11.2	18.5	33.2

续表 4.2.15-2

城市	年均降雨量(mm)	年径流总量控制率对应的设计控制雨量(mm)		
		55%	70%	85%
沈阳	672	10.5	17.0	29.1
石家庄	509	10.1	17.3	31.2
太原	419	7.6	12.5	22.5
天津	540	12.1	20.8	38.2
乌鲁木齐	282	4.2	6.9	11.8
武汉	1308	14.5	24.0	42.3
西安	543	7.3	11.6	20.0
西宁	386	4.7	7.4	12.2
银川	184	5.2	8.7	15.5
郑州	633	11.0	18.4	32.6

注:1 表中的统计数据年限为 1977～2006 年。

2 其他城市的设计控制雨量,可参考所列类似城市的数值,或依据当地降雨资料进行统计计算确定。

案例介绍:北京市某建设项目其占地面积为 10000m^2,其中屋面面积为 3600m^2,块石路面面积为 2400m^2,景观水体水面面积为 1000m^2,绿地面积为 3000m^2(绿地面积中 30%为下凹式绿地,下凹式绿地低于路面 10cm),若设计需达到 85%的年径流总量控制率(即设计控制雨量为 32.5mm),则可采取多种措施实现。

建设项目场地内设计降雨控制量:$V=32.5/1000\times10000=325(m^3)$。

本项目场地综合径流系数:$\Psi=(3600\times0.9+2400\times0.6+1000\times0+3000\times0.15)/10000=0.513$,则认为场地入渗实现的控制率为 48.7%,实现的降雨控制量为:$V_1=325\times48.7\%=158.3(m^3)$。

则需通过调蓄和收集回用措施实现的降雨控制量为:$V-V_1=$

325－158.3＝166.7(m^3)。

下凹式绿地受纳容积为：$V_2=3000\times30\%\times0.1=90(m^3)$。

则最终需景观水体调蓄的降雨量为：$V_3=V-V_1-V_2=166.7-90=76.7\ m^3$，此即为景观水体有效调蓄容积，其水位变化高度为：76.7/1000 ×1000＝76.7(mm)。

【具体评价方式】

本条适用于各类医院建筑的设计阶段、运行阶段评价。

设计阶段评价：审核地区降雨统计资料、设计说明书(或雨水专项规划设计报告)、设计控制雨量计算书、施工图纸(含总图、景观设计图、室外给排水总平面图等)。

运行阶段评价：在设计阶段评价方法之外还应实地检查、审核相关设施实施情况和径流外排情况的报告。

4.2.16 合理选择绿化方式，科学配置绿化植物。本条评价总分值为6分，并应按表4.2.16的规则评分。

表4.2.16 绿色方式及植物的评分要求

评价内容	得分
种植适应当地气候和土壤条件的植物，并采用乔、灌、草结合的复层绿化，且种植区域覆土深度和排水能力满足植物生长需求	3
绿地采用垂直绿化、屋顶绿化方式	3

【条文说明扩展】

适应当地气候和土壤条件的植物具有较强的适应能力，耐候性强、病虫害少，可提高植物的存活率，有效降低维护费用。种植于有调蓄雨水功能绿地上的植被应有很好的耐旱、耐涝性能和较小的浇灌需求。

种植区域的覆土深度应满足乔、灌木自然生长的需要，一般来说满足植物生长需求的覆土深度为：乔木＞1.2m，深根系乔木＞1.5m，灌木＞0.5m，草坪地被＞0.3m。种植区域的覆土深度应满足申报项目所在地相关覆土深度的规定或要求；所在地没有覆土深度控制要求的，种植区域50%达到1.5m的覆土深度时，此评分项得分。

垂直绿化是与地面基本垂直，在立体空间进行绿化的一种方法。它利用檐、墙、杆、栏等栽植藤本植物、攀缘植物和垂吊植物，达到防护、绿化和美化等效果。它能遮挡太阳辐射，改善外墙的保温隔热性能，美化环境，改善小气候，增加建筑物的艺术效果，冬季时植物落叶也可避免对太阳的遮挡。垂直绿化更适合在西向、东向、南向的低处种植，因此对垂直绿化的面积比要求不高，分母只包括高度10m以下的外墙面积(不含外窗面积)。

【具体评价方式】

本条适用于各类医院建筑的设计阶段、运行阶段评价。

设计阶段评价：审核景观园林种植平面图和苗木表，核实是否有非乡土植物；审核设计图纸中标明的覆土厚度不小于1.5m的区域及面积，以及总种植区域面积，计算方法为：覆土深度不小于1.5m的种植区域/总种植区域×100%，核实面积比是否不小于50%(景观水面、硬质铺地等均不计入种植区域)。

还应审核设计图纸中标明的屋顶绿化的区域和面积，及屋顶可绿化的区域和面积；屋顶放置花盆的方式和地下车库覆土上的绿化不可算作屋顶绿化。屋顶可绿化面积不包括放置设备、管道、太阳能板、遮阳构架、通风架空屋面等设施所占面积，不包括轻质屋面和大于15°的坡屋面等，也不包括电气用房和顶层房间有特殊防水工艺要求的屋面面积。如果屋顶没有可绿化面积或屋顶可绿化面积不大于30m^{2}的项目，可以不做屋顶绿化，此3分不参评。对于较大面积的屋顶绿化项目，屋顶绿化面积占屋顶可绿化面积不少于30%方可得分。屋顶绿化面积比的计算方法为：屋顶绿化面积/屋顶可绿化面积×100%。

有外墙垂直绿化的项目，审核设计图纸中标明的外墙垂直绿化的区域和面积，及10m以下外墙总面积。外墙垂直绿化面积占10m以下外墙总面积的比例≥5%方可得分。外墙垂直绿化面积比的计算方法为：外墙垂直绿化面积/10m以下外墙总面积×

100%。“外墙垂直绿化面积”包括外墙所有高度上做的垂直绿化(包括10m以下也包括10m以上),而分母只包括高度10m以下的外墙面积,因此外墙垂直绿化比例有可能大于100%,属于正常现象。墙外种植的落叶阔叶乔木,也可对外墙起到遮阳作用,但不计入垂直绿化中。室内垂直绿化、景观小品和围墙栏杆上的垂直绿化也不计入本条垂直绿化面积中。建筑内庭院(室外庭院)的外墙面积可不计入分母中,但内庭院的外墙垂直绿化面积可计入分子中。

运行阶段评价:在设计阶段评价方法之外还应现场核实实际栽种情况。

5 节能与能源利用

5.1 控制项

5.1.1 建筑电耗应进行分区计量。

【条文说明扩展】

分区计量是指按医院建筑功能区域进行计量,《综合医院建设标准》建标 110—2008 对医院建筑功能区域进行了分类,如急诊部、门诊部、住院部、医技科室、行政管理、院内生活用房、保障系统、科研设施、教学设施等,可以再往下细分至各科室,如外科、内科、妇产科、检验科等。

医院建筑电耗分区计量的最基本配置要求为"每类建筑、配电室配电柜分项处安装电表,即每类建筑配电室的总进线电缆(或变电所对应配电柜的出线电缆)、配电室内各配电柜进线电缆上安装计量电表",在实现最基本分区计量的前提下,还应考虑重要科室的耗电计量,如手术部、放射科等。

医院建筑电耗的分区计量有助于分析建筑各项能耗水平,发现问题并提出改进措施,从而有效地实施建筑节能。为了实现分区计量,要求在新建、扩建和改建医院以及既有建筑改造设计时必须考虑,使建筑内各类能耗环节都能实现计量。

【具体评价方式】

本条适用于各类医院建筑的设计阶段、运行阶段评价。

设计阶段评价:审核电气专业施工图、分区计量能耗监测方案报告等相关设计文件。

运行阶段评价:审核电气专业竣工图纸,分区计量能耗监测的数据记录,并进行现场核实。

评价时应注意分区计量的合理性。

5.1.2 用能建筑设备能效指标符合现行国家和行业有关节能标准的规定。

【条文说明扩展】

供暖、通风、空调、给水、排水、室内外照明、电梯、气力输送、绿化灌溉、炊事和医疗气体等系统所使用的制冷机组、锅炉、水泵、风机、电机等建筑公用设备消耗了医院大部分电力和燃料，因此在选用公用设备时，其能效值选用应符合甚至高于国家或本行业节能标准、规范规定值的要求，举例给出主要公用设备能效值要求如下：

(1)空调、供暖系统的冷热源机组的能效值达到现行国家标准《冷水机组能效限定值及能源效率等级》GB 19577 规定的2级及以上能效等级；

(2)单元式空气调节机组的能效值达到现行国家标准《单元式空气调节机能效限定值及能源效率等级》GB/T 19576 规定的3级及以上能效等级；

(3)多联式空调机组的能效值达到现行国家标准《多联式空调(热泵)机组能效限定值及能源效率等级》GB 21454 规定的2级及以上能效等级；

(4)风机、水泵等动力设备(消防设备除外)效率值达到现行国家标准《通风机能效限定值及节能评价值》GB 19761 和《清水离心泵能效限定值及节能评价值》GB 19762 规定的2级及以上能效等级；

(5)锅炉效率达到现行国家标准《工业锅炉能效限定值及能效等级》GB 24500 规定的2级及以上工业锅炉能效等级；

(6)电力变压器效率达到现行国家标准《电力变压器能效限定值及能效等级》GB 24790 规定的2级及以上能效等级；

(7)配电变压器的能效限定值达到现行国家标准《三相配电变压器能效限定值及节能评价值》GB 20052 的规定。

医疗和办公设备不作为建筑设备，所以不对其评价。不过，医院在采购使用这些设备时，宜考虑其能效指标。

【具体评价方式】

本条适用于各类医院建筑的设计阶段、运行阶段评价。

设计阶段评价：审核暖通空调、给水排水、电气、医疗气体、动力等专业施工图、设计说明（要求有主要公用设施设备能效比）等相关设计文件。

运行阶段评价：审核暖通空调、给水排水、电气、医疗气体、动力等专业竣工图纸，公用设施设备产品说明书等，并进行现场核实。

用能建筑设备包括多个专业，尤其是暖通空调、电气、动力等专业，评价时应避免遗漏。

5.1.3 除特殊情况外，绿色医院建筑不应采用电热设备和器件作为直接供暖和空气调节系统的热源。

【条文说明扩展】

医院通常具备热水或蒸汽供应条件，所以将电能直接用于转换为热能进行供暖或空调，降低了能源利用率，应严格限制其使用。目前，一些医院的做法浪费大量电能，如洁净手术部等用房的空调系统直接采用电加热器做送风再热、为新风预热。

国家标准《公共建筑节能设计标准》GB 50189 第 4.2.2 条对此有明确规定，即除符合下列条件之一外，不得采用电直接加热设备作为供暖热源：

(1) 电力供应充足，且电力需求侧管理鼓励用电时；

(2)无城市或区域集中供热，采用燃气、煤、油等燃料受到环保或消防限制，且无法利用热泵提供供暖热源的建筑；

(3)以供冷为主、供暖负荷非常小，且无法利用热泵或其他方式提供供暖热源的建筑；

(4)以供冷为主、供暖负荷小，无法利用热泵或其他方式提供供暖热源，且可以利用低谷电进行蓄热，且电锅炉不在用电高峰和平段时间启动的空调系统；

(5)无集中供热与燃气源，用煤、油等燃料受到环保或消防严格限制的建筑；

(6)利用可再生能源发电，且其发电量能满足自身电加热用电量需求的建筑。

国家标准《公共建筑节能设计标准》GB 50189 第 4.2.3 条对特殊情况下可以采用电直接加热设备进行了说明，即除符合下列条件之一外，不得采用电直接加热设备作为空气加湿热源：

(1)电力供应充足，且电力需求侧管理鼓励用电时；

(2)利用可再生能源发电，且其发电量能满足自身加湿用电量需求的建筑；

(3)冬季无加湿用蒸汽源，且冬季室内相对湿度控制精度要求高的建筑。

医院建筑属于公共建筑，很多功能区域的室内环境控制要求远高于公共建筑，如高科技医疗、诊断大型设备常常要求环境恒温恒湿控制，有的净化无菌要求较高。因此会有一些特殊情况下考虑采用电热设备，此时应予以特殊说明。如：

(1)特殊功能用房，例如温湿度控制精度要求较高的手术室、病房等；

(2)经技术经济分析，采用分散独立电加湿方式优于集中锅炉制备蒸汽方式的。

【具体评价方式】

本条适用于各类医院建筑的设计阶段、运行阶段评价。如果个别功能用房不适用，则予以说明。

设计阶段评价：审核暖通专业施工图。

运行阶段评价：审核暖通专业竣工图纸，节能工程专项验收报告和(或)登记表、建设监理单位及管理部门提供的检验、验收记录，并进行必要的现场核实工作。

如无特殊说明，符合本条要求时达标。个别功能用房不适用的，予以特殊说明，且说明应符合逻辑，否则不达标。

5.1.4 房间或场所的照明功率密度值不应高于现行国家标准《建筑照明设计标准》GB 50034 规定的现行值。

【条文说明扩展】

现行国家标准《建筑照明设计标准》GB 50034 规定了各类房间或场所的照明功率密度值，分为“现行值”和“目标值”，其中“现行值”是新建建筑必须满足的最低要求，“目标值”要求更高，是努力的方向。因此，将本条文列为绿色建筑必须满足的控制项。

在设计阶段，应在电气设计说明中具体说明主要功能区域所选用的灯具类型、节能照明控制方式等。首先应合理选择照度，并通过合理的选择效率高、寿命长、安全和性能稳定的照明电器产品，包括电光源、灯具及其附件、配线器材以及调光控制设备和调光器件等，以保证建筑内各主要房间或场所的功率密度值满足《建筑照明设计标准》GB 50034 的要求。

医院内的特殊功能区域或用房，如手术室、检验室和实验室等，对照度有其他要求，可不适用本条评价，相关标准有：《医院洁净手术部建筑技术规范》GB 50333。

【具体评价方式】

本条适用于各类医院建筑的设计阶段、运行阶段评价。特殊用房，如手术室、检验室和实验室等，可不适用，但应予以说明。

设计阶段评价：审核电气专业施工图，建筑照明功率密度 LPD 的计算分析报告。

运行阶段评价：审核电气专业竣工图纸，建筑照明功率密度 LPD 的计算分析报告，灯具招标文件，灯具检测报告，灯具订购合同，建筑照明功率密度 LPD 的检测分析报告，并进行现场核实。

检查证明材料的规范性，设计阶段评价应检查电气专业设计施工说明是否包含照明设计要求、照明设计标准、照明控制原则等。运行阶段评价应检查是否有建筑照明照度、功率密度检测报告，灯具检测报告等。

5.1.5 工程竣工验收前，所有建筑设备和设施系统应完成调试。

【条文说明扩展】

国家标准对竣工调试验收已有规定，不过相当多的项目的暖通空调、给水排水、照明、自控等系统的调试流于形式，系统性能参数没有达到设计或标准规范的要求。比如，供暖通风空调系统竣工验收前未进行充分的风、水系统平衡调试和设备调试，导致系统运行工况偏离设计要求，造成运行能耗偏高或设备不正常运行。

绿色医院建筑的运行效果如何，能否满足用户的需要，除了跟系统设计和施工质量有关外，系统调试也是关键之一，公共设施设备调试的目的是确保建筑及其相关系统达到设计要求。因此，将本条文列为绿色建筑必须满足的控制项。

【具体评价方式】

本条适用于各类医院建筑的设计阶段、运行阶段评价。

设计阶段评价：审核各专业施工图。要检查各专业施工图关于调试的要求，有自控要求时，检查自控设计说明和图纸。

运行阶段评价：审核各专业竣工图，竣工调试组织计划和调试报告。要核查调试组织计划和调试报告。对于有供暖和供冷要求的建筑，至少完成一个供暖季和一个供冷季的调试；对于只有供暖或供冷要求的建筑，至少完成一个供暖或供冷季节的调试。

5.2 评 分 项

5.2.1 围护结构热工性能指标优于国家和行业现行有关建筑节能设计标准中规定的指标。本条评价总分值为 10 分，并应按表 5.2.1 的规则评分。

表 5.2.1 围护结构热工性能指标的评分要求

评价内容	得分
建筑的供暖和空调全年计算负荷比参照建筑减少 5%以上(含 5%)	5
建筑的供暖和空调全年计算负荷比参照建筑减少 10%以上(含 10%)	10

【条文说明扩展】

建筑围护结构的热工性能对建筑冬季供暖和夏季空调的负荷和能耗有很大的影响，现行国家和行业的建筑节能设计标准都对围护结构的热工性能提出明确的要求。本条对优于国家和行业节能设计标准规定的热工性能指标进行评分。

本条的判定，需要经过模拟计算，即需根据供暖空调全年计算负荷降低幅度分档评分，其中参考建筑的设定应该符合国家、行业建筑节能设计标准的规定。计算不仅要考虑建筑本身，而且还必须与供暖空调系统的类型以及设计的运行状态综合考虑，当然也要考虑建筑所处的气候区。应该做如下的比较计算：其他条件不变[包括建筑的外形、内部的功能分区、气象参数、建筑的室内供暖空调设计参数、空调供暖系统形式和设计的运行模式（人员、灯光、设备等）、系统设备的参数取同样的设计值]，第一个算例取国家或行业建筑节能设计标准规定的建筑围护结构的热工性能参数，第二个算例取实际设计的建筑围护结构的热工性能参数，然后比较两者的负荷差异。

在设计阶段，对设计方案进行优化，使设计建筑的冷负荷和热负荷两项均优于国家和行业现行公共建筑节能设计标准的参照建筑。如建筑仅有设计热负荷或仅有设计冷负荷，可只以一项负荷参评。

【具体评价方式】

本条适用于各类医院建筑的设计阶段、运行阶段评价。

设计阶段评价：审核建筑施工图设计说明、围护结构施工详图、节能计算书、节能设计报审表、逐时负荷分析报告，以及当地建筑节能部门审查通过的相关文件。

运行阶段评价：审核建筑竣工图设计说明、围护结构竣工详图、节能计算书、节能设计报审表、节能工程专项验收报告和（或）登记表、建设监理单位及管理部门提供的检验、验收记录，逐时负荷分析报告，采暖、空调、照明能耗运行记录，并进行必要的现场核实工作。

5.2.2 建筑能耗进行分区和分项计量。本条评价总分值为16分，并应按表5.2.2的规则评分。

表5.2.2 建筑能耗分区和分项计量的评分要求

评价内容	得分
在按建筑单体、主要功能分区计量的基础上，对照明、插座及供暖通风空调系统用电进行分项计量	8
对大型医疗设备、电梯进行单独计量	2
对供暖、空调、生活热水和给排水主机房（如锅炉房、换热站、冷水机房、给排水泵房）内的电耗和燃料消耗进行计量，并对不同能源进行分类计量	3
对供暖、空调、生活热水和给排水主机房内的主要设备分别计量	3

【条文说明扩展】

由于医院用能部门多、用途广、用能情况十分复杂，而目前医院电量计量方式基本为高压计量，变压器低压侧一般只设有电流表和电压表，除个别回路外大部分未设电度表，对建筑各耗能环节的状况往往难以了解，也就难以发现能耗不合理的地方。而实行分区域、分功能的能耗分项计量，既有利于后勤物业的精细化管理，摸清各科室、各区域的用能情况，促进整个医院的行为节能，也有利于发现能源黑洞，便于进一步的节能诊断和改造。

本章第5.1.2条已经要求分区计量，本条进一步要求分类、分项计量。分类计量是指根据医院建筑消耗的主要能源种类划分进行采集和整理的能耗数据，如：电、燃料（固体、液体和气体）、水、集中供热、集中供冷、蒸汽等。分项计量是指根据医院建筑消耗的各类能源主要用途划分进行采集和整理的能耗数据，如：照明插座用电、空调用电、电梯用电、给水排水用电、其他动力用电、特殊区域用能、供暖空调用热、生活热水用热等。

本条鼓励医院建筑采用分类、分区、分项计量，有利于进行能耗分析，为进一步节能提供指引。

【具体评价方式】

本条适用于各类医院建筑的设计阶段、运行阶段评价。

设计阶段评价：审核电气专业施工图、分区分项计量能耗监测方案报告。

运行阶段评价：审核电气专业竣工图，分区分项计量能耗监测逐年、月、日数据记录，并现场检实。

5.2.3 减少电气、供暖、通风和空调系统输配能耗。本条评价总分值为 9 分，并应按表 5.2.3 的规则评分。

表 5.2.3 用能系统输配能耗降低的评分要求

评价内容	得分
变配电室靠近负荷中心	3
供暖、供冷水系统或制冷剂系统的输配能耗低于国家现行节能标准要求限值 10%以上	3
空调、通风风道系统的输配能耗低于国家现行节能标准要求限值 10%以上	3

【条文说明扩展】

变配电室、锅炉房或换热站、空调机房和空调冷站等靠近负荷中心，以及多联机的室外机至室内机的制冷剂管线长度在适当范围之内，都可以节省水系统、蒸汽、制冷剂、电气线路或管网输配能耗。

设计阶段应满足国家有关节能标准给出的定性要求和限值要求，并进一步优化。

(1)供暖系统热水循环泵耗电输热比满足国家标准《公共建筑节能设计标准》GB 50189—2014 第 4.3.3 条的要求；

(2)通风空调系统风机的单位风量耗功率满足国家标准《公共建筑节能设计标准》GB 50189—2014 第 4.3.23 条的要求；

(3)空调冷热水系统循环水泵的耗电输冷(热)比需要比《民用建筑供暖通风与空气调节设计规范》GB 50738—2012 的要求低 20%以上。耗电输冷(热)比反映了空调水系统中循环水泵的耗电与建筑冷热负荷的关系，对此值进行限制是为了保证水泵的选择在合理的范围，降低水泵能耗。

如果评价对象内没有变电室、锅炉房或换热站、空调机房和空调冷站，可不参评。如果没有部分机房时，分值分配到其他项。

【具体评价方式】

本条适用于各类医院建筑的设计阶段、运行阶段评价。如果评价对象内没有变电室、锅炉房或换热站、空调机房和空调冷站，可不参评。

设计阶段评价：审核暖通空调、电气、动力专业施工图，风机的单位风量耗功率、空调冷热水系统的耗电输冷（热）比、集中供暖系统热水循环泵的耗电输热比的计算书。

运行阶段评价：审核暖通空调、电气、动力专业竣工图，主要产品型式检验报告、计算书，风机的单位风量耗功率、空调冷热水系统的耗电输冷（热）比、集中供暖系统热水循环泵的耗电输热比的计算书或测试记录、系统运行记录等，并现场检查。

如果评价对象内没有变电室、锅炉房或换热站、空调机房和空调冷站，可不参评。如果没有部分机房时，分值分配到其他项。

5.2.4 用能建筑设备能效指标达到国家现行节能标准、法规的节能产品的规定。本条评价总分值为 15 分，并应按表 5.2.4 的规则评分。

表 5.2.4 用能建筑设备能效指标的评分要求

评价内容	得分
锅炉的额定热效率、占设计总冷负荷 85％的空调制冷设备（冷水机组、单元空调机和多联机）的额定制冷效率满足现行国家标准《公共建筑节能设计标准》GB 50189 对节能产品的要求	7
变压器损耗符合现行国家标准《三相配电变压器能效限定值及节能评价值》GB 20052 节能评价值的要求	3
其他非消防系统使用的水泵、风机符合相关国家现行有关标准规定的节能产品的要求；额定功率 2.2kW 及以上电机符合现行国家标准《中小型三相异步电动机能效限定值及能效等级》GB 18613 节能产品的要求	5

【条文说明扩展】

国家已经颁布实施了主要建筑用能设备的能效要求。锅炉额定热效率的规定参照现行国家标准《公共建筑节能设计标准》GB 50189 第 5.4.3 条，冷热源机组能效比符合第 5.4.5 条、第 5.4.8 条及第 5.4.9 条的规定。现行国家标准《公共建筑节能设计标准》GB 50189 在制定时参照了现行国家能效标准《冷水机组能效限定值及能源效率等级》、GB 19577 和《单元式空气调节机能效限定值及能源效率等级》GB 19576，并综合考虑了国家的节能政策及我国产品的发展水平，从科学合理的角度出发，制定冷热源机组的能效标准。考虑到参评项目空调制冷设备(冷水机组、单元空调机和多联机)种类、数量可能比较多，所以要求占设计冷负荷 85%的设备的能效满足节能产品规定。

变压器损耗符合现行国家标准《三相配电变压器能效限定值及节能评价值》GB 20052 的规定。

供热、空调、通风用风机、水泵的能耗应满足现行国家标准《公共建筑节能设计标准》GB 50189 中有关输送能效的规定。运行阶段评价，风机、水泵还要满足现行国家标准《通风机能效限定值及节能评价值》GB 19761 和《清水离心泵能效限定值及节能评价值》GB 19762 规定的 2 级及以上能效等级。

给水排水用水泵应满足现行国家标准《清水离心泵能效限定值及节能评价值》GB 19762 规定的 2 级及以上能效等级的要求。

额定功率 2.2kW 及以上电机，符合现行国家标准《中小型三相异步电动机能效限定值及能效等级》GB 18613 节能产品的要求。

本条的评价方法为：设计阶段审查施工图和设计文件；运行阶段，现场核查设备及设备文件。

【具体评价方式】

本条适用于各类医院建筑的设计阶段、运行阶段评价。

设计阶段评价：审核暖通空调、给水排水、建筑专业施工图纸、设计说明(要求有设备能效性能参数)、设备(锅炉、冷机、空调器、水泵、风机、变压器、电梯)性能说明。

运行阶段评价：审核暖通空调、给水排水、建筑专业竣工图纸、设备性能说明、运行记录、第三方检测报告等，并现场检查。

5.2.5 房间或场所的照明功率密度值不高于现行国家标准《建筑照明设计标准》GB 50034 规定的目标值。本条评价总分值为 15 分，并应按表 5.2.5 的规则评分。

表 5.2.5 房间或场所的照明功率密度值的评分要求

评价内容	得分
在满足室内照度设计标准的前提下，建筑面积的 70％以上的室内照明功率密度值不高于现行国家标准《建筑照明设计标准》GB 50034 的目标值	10
建筑面积的 90％以上的室内照明功率密度值不高于现行国家标准《建筑照明设计标准》GB 50034 的目标值	15

【条文说明扩展】

本条建筑面积是指参评项目的建筑面积扣除不适用的房间(区域)的建筑面积。

【具体评价方式】

本条适用于所有医院建筑的设计阶段、运行阶段评价。特殊用房，如手术室、检验室和实验室等，可不适用。

设计阶段评价：审核室内照明计算书和分析报告、电气照明平面施工图。

运行阶段评价：审核竣工图纸，内容同设计阶段评价；灯具招标文件；灯具检测报告；灯具订购合同；室内照明计算书和分析报告、工程检测报告。

5.2.6 建筑设备系统根据负荷变化采取有效措施进行节能运行。本条评价总分值为 15 分，并应按表 5.2.6 的规则评分。

表 5.2.6 建筑设备系统节能运行措施的评分要求

评价内容	得分
在满足室内环境设计要求的前提下，总计占供暖、通风和空调设计一次能耗 85%以上的建筑设备采取合理的手动、自动控制，根据负荷需求进行调节	7
在满足室内照度设计要求的前提下，总计占照明设计 65%以上的灯具采取合理的分区回路设置，通过人员可就地控制	2
在满足室内公共区域照度设计要求的前提下，总计占照明设计 85%以上的灯具采取合理的分区回路设置，可集中开关或调光控制	4
在满足室内照度设计要求的前提下，总计占照明设计 85%以上的灯具采取合理的分区回路设置，且通过自动控制系统实现灯具开关或调光控制	6
有多部电梯时，采用集中控制调节措施	2

【条文说明扩展】

供暖、通风和空调系统根据室内外环境参数，通过自动控制进行运行调节。此处“一次能耗”是指供暖、空调、通风在设计工况下所消耗的电、燃料都折算为一次能源后的能耗。

照明系统采取分区设置，通过手动或自动根据室内照度进行调节。有多部电梯时，采用集中控制有效、节能运行。散热器安装独立的恒温阀或区域温度调节阀。

【具体评价方式】

本条适用于所有医院建筑的设计阶段、运行阶段评价。

设计阶段评价：审核自控、照明的统计报告、电气照明平面施工图、暖通空调施工图、电气施工图、自控施工图。

运行阶段评价：审核自控、照明的统计报告，相关专业竣工图纸。

5.2.7 根据当地气候和条件，合理利用可再生能源及空气源热泵。本条评价总分值为 10 分，并应按表 5.2.7 的规则评分。

表 5.2.7 可再生能源及空气源热泵利用的评分要求

评价内容	得分
设计日可再生能源热利用相当于占生活热水耗水量的10%以上，或者在不能利用锅炉或市政热力提供生活热水时，采用空气源热泵制热量占生活热水耗热量的50%以上	8
设计日可再生能源电利用占照明设计用电量1%以上	2

【条文说明扩展】

可再生能源利用是指：太阳能利用、生物质能利用、土壤或水源（含污水源）热泵、风能和地热能利用。可再生能源产生的热量可以用于制备生活热水、供暖和空调加热。此处，可再生能源利用不包括空气能热泵应用。而且，第一部分的评价是专指热利用，不包括其他形式的转换利用，如光电应用。可再生能源可以用于供暖、制备生活热水等，以其制备热量占生产生活热水耗水量10%时所消耗的热量比例来评价。

在不能利用锅炉或市政热力提供生活热水时，合理采用空气源热泵制备生活热水可以避免或减少使用电加热。

第二部分的可再生能源利用是指发电利用。该部分电能可以自用或并网，以占照明用电比例来评价。

【具体评价方式】

本条适用于所有医院建筑的设计阶段、运行阶段评价。当地日照、气候、地质或水文条件不具备时，可不参评，但应予以论证和说明。

设计阶段评价：审核可再生能源利用、空气源热泵应用分析报告，暖通空调、给水排水专业施工图。

运行阶段评价：审核可再生能源利用、空气源热泵应用实测报告，暖通空调、给水排水专业竣工图。

5.2.8 采取合理技术措施，使建筑供暖、通风和空调的能耗或能耗费用比参照建筑降低10%以上。本条评价总分值为10分，并应按表5.2.8的规则评分。

表 5.2.8 能耗或能耗费用降低的评分要求

评价内容	得分
设计建筑能源消耗或能源费用比参照建筑降低 10%及以上	5
设计建筑能源消耗或能源费用比参照建筑降低 10%以上时，每多降低 2%，增加 1 分，总增加分不超过 5 分	1～5

【条文说明扩展】

本条目的是避免设计阶段单纯地进行节能技术的“堆砌”，鼓励在设计阶段对供暖、通风和空调系统进行多方案的技术和经济方面的比较评价，以此推动综合建筑节能技术的合理应用。

评价所使用的参照建筑的外形、用房布局、朝向，以及房间功能和使用方式(包括工艺、人员和照明等)应与设计建筑完全相同。外围护结构的热工性能、窗墙比可以不同，但要满足现行国家标准《公共建筑节能设计标准》GB 50189 及有关标准、规范的要求。

评价所使用的参照建筑的供暖、通风、空调系统形式应合理选定。绿色医院建筑鼓励在参照建筑的基础上采取有效的节能技术措施使建筑的供暖、通风、空调等的能耗或能耗费用降低 10%以上(含)。所采取的节能技术措施应是经寿命周期成本分析后确定为经济性合理的措施。

所采取的技术措施可以是但不限于如下措施：围护结构热工性能改进、外遮阳设施、新风量调节、空调热回收、自然冷却、热泵系统、蓄能空调系统、天然气分布式能源系统、可再生能源利用、医疗设备余热或废热利用，以及控制策略优化。本条的评价方法为：在设计阶段，检查施工图和设计方案优选文件。如进行了计算机模拟计算，应检查能耗模拟软件的输入条件。在检查设计方案优选文件时，应检查参照建筑和设计建筑的输入、输出文件。对参照建筑和优选方案比较的假设条件应给以充分说明。

为定量评价设计建筑的建筑热工、供暖、通风和空调系统对提高能源利用的贡献，需要以参照建筑与设计建筑进行方面的比较，在设计阶段对供暖、通风和空调系统进行能耗和能耗费用计算，通过比较设计建筑和参照建筑的能耗或能耗费用，对建筑的节能性进行评价。

参照建筑的外形、用房布局、朝向，以及房间功能和使用方式（包括工艺、人员和照明等）与设计建筑完全相同。外围护结构的热工性能、窗墙比可以不同，但要满足现行国家标准《公共建筑节能设计标准》GB 50189 的要求。参照建筑的选取应满足如下要求。

（1）按下表 5.2.8-1 中设计建筑供暖、通风和空调方式确定参照建筑的方式。

表 5.2.8-1 参照建筑供暖、通风和空调方式确定的参照

系统形式	设计建筑	参照建筑
集中空调风水系统		
空调冷源	风冷冷水系统，或其蓄冷系统	风冷冷水系统
	水冷冷水系统，或水源或地源热泵系统，或其蓄冷系统	水冷冷水系统
末端	风机盘管＋新风系统	风机盘管（定速）＋定新风系统
	全空气定风量或变风量系统	全空气定风量系统
直接膨胀系统		
	房间空调器	房间空调器（定频）
	单元式空调机组	单元式空调机组（定频）
	多联式空调机组	房间空调器（定频）
供暖		
	空气源热泵空调器	空气源热泵（定频）空调器
	供热锅炉	供热热水锅炉

续表 5.2.8-1

系统形式	设计建筑	参照建筑
	市政供热换热站	市政供热换热站
	热水散热器,或辐射供暖	热水散热器
通风		
	自然通风或电风扇	自然通风或电风扇
	机械通风	机械通风(定速)

注:如按区域或房间计算供暖能耗有困难,可以根据功能用房情况按单体建筑为最小划分单元计算。

(2)参照建筑各系统要求如下:

1)围护结构及机电设备和系统应符合现行国家标准《综合医院建筑设计规范》GB 51039、《公共建筑节能设计标准》GB 50189、《医院洁净手术部建筑技术规范》GB 50333 等有关规范和标准的节能基本要求,特殊用房自定义。

2)建筑物内可以采用多种系统形式。如,住院病房、门急诊室室内采用风机盘管或定风量全空气系统;手术室等洁净用房采用全空气系统;特殊医技辅助用房,如大型医疗设备的主机房,采用定频分体空调形式。

3)热水供暖系统采用定流量的质调节热水系统。

4)集中空调系统的风冷或水冷冷水机组采用基于冷机台数调节的定速泵变流量系统形式,供水温度恒定。

5)输配系统应满足有关规范的节能要求。

6)风机盘管风机电耗都按设备选型的额定值计算。

7)建筑主体采用单元式、直接蒸发式或多联机形式的空调系统,应符合有关国家和行业标准或规范的节能要求。

8)新风系统为定风量形式,新风量满足有关规范和标准要求。参照建筑的最小新风量与设计建筑相同。

9)空调加湿系统形式为使用天然气锅炉产生的蒸汽加湿方式。

10)机械通风系统采用定风量系统形式。

11)供暖、通风和空调系统具备室温、时间表启停等基本的自动控制。特殊用房自定义。

在运行阶段,除完成模拟分析计算外,需要现场核实和竣工图核实,检查项目实际完成和运行状况是否与设计一致。如果在运行中有进一步完善和优化,需有论证和实测报告。

【具体评价方式】

适用于本条适用于各类医院建筑的设计阶段、运行阶段评价。

设计阶段评价:审核暖通空调能耗分析计算报告(必须包括参照建筑的假设条件、软件或计算过程的模型方法说明、设计建筑运行设定条件)、暖通空调施工图。

运行阶段评价:审核暖通空调能耗分析计算报告、暖通空调竣工图、自控系统调试报告、运行管理文件及记录。

6　节水与水资源利用

6.1　控　制　项

6.1.1　绿色医院建筑应制定水资源利用方案，统筹、综合利用各种水资源。

【条文说明扩展】

在进行绿色建筑设计前，应充分了解项目所在区域的市政给水排水条件、水资源状况、气候特点等实际情况，通过全面的分析研究，制定水资源利用方案，提高水资源循环利用率，减少市政供水量和污水排放量。

水资源利用方案的各项内容可按以下原则和要求制定：

(1)结合当地政府规定的节水要求、城市水环境专项规划以及项目可利用水资源状况，因地制宜地制定绿色建筑的水资源利用方案，是进行绿色建筑给排水设计的首要步骤。项目可利用水资源状况、所在地区的气象资料、地质条件及项目周边市政设施情况等因素应重点考虑，以使制定的措施具有针对性。

1)可利用水资源。可利用水资源指在技术上可行、经济上合理的情况下，通过工程措施能进行调节利用且有一定保证率的那部分水资源量。除市政自来水外，还可包括但不限于以下几种水资源：

①建筑污废水。建筑污废水的利用一般分为复用和循环利用。复用，即梯级利用，指根据不同用水部门对水质要求的不同，对污废水进行重复利用。循环利用则是通过自建处理设施对污废水进行处理，使出水水质达到杂用水使用要求后，用作杂用水。建筑污废水的来源，既可以是项目自身产生的污废水，也可以是通过签订许可协议从周边其他建筑得到的污废水。

②市政再生水。当项目周边有市政再生水利用条件(项目所在地在市政再生水厂的供水范围内或规划供水范围内)时,通过签订市政再生水用水协议和设置项目内再生水供水系统,可以充分利用市政再生水,代替自来水用于满足项目内各种杂用水需求。

③雨水。项目通过设置雨水收集贮存设施和处理设施,对雨水进行收集、处理、回用做景观补水等杂用水。项目的雨水收集范围,既可以是项目自身的红线范围内的雨水,也可以是通过签订许可协议收集的周边区域的雨水。

④河湖水。当项目所在地周边的地表水资源较为丰富且获得便利时,在通过市政、水务或水利等相关管理部门许可的前提下,可以有效利用项目周边的河湖水。

⑤海水。临海的项目在经济技术条件合适的情况下,可利用海水。

2)气象资料。主要包括影响雨水利用适宜性的当地降水量、蒸发量和太阳能资源等内容。

3)地质条件。主要包括影响雨水入渗及回用的地质构造、地下水位和土质情况等。

4)市政设施情况。包括当地市政给水排水管网、处理设施的现状、长期规划情况,是否存在市政再生水供应。如果直接使用市政再生水,应取得相关主管部门批准同意其使用的相关文件。

(2)当项目包含多种建筑类型,如医技、办公、门诊、住院部、科研实验等时,应统筹考虑项目内水资源使用的各种情况,确定综合利用方案。例如,收集高纯水净化制作过程中排掉的废水等优质杂排水,回用于项目范围内建筑的杂用水。

(3)用水定额应从项目总体区域用水上考虑,参照现行国家标准《民用建筑节水设计标准》GB 50555、地方用水标准及其他相关用水要求,并结合当地经济状况、气候条件、用水习惯和区域水专项规划等科学、合理地确定。

用水量估算不仅要考虑建筑室内盥洗、沐浴、冲厕、冷却水补水、空调设备补水等室内用水因素，还要综合考虑室外浇洒道路、绿化、景观水体补水等室外用水因素。应综合考虑上述各种用水因素，统一编制水量计算表，详尽表达整个项目的用水情况，以便于方案论证及评价审查。

使用非传统水源时，应进行源水量和用水量的水量平衡分析，编制水量平衡表，并应考虑季节变化等各种影响源水量和用水量的因素。

(4)给水排水系统设计方案。

1)建筑给水系统设计方案首先要符合国家相关标准规范的规定。设计方案内容包括水源情况简述(包括自备水源和市政给水管网)、供水方式、给水系统分类及组合情况、分质供水的情况、当水量水压不满足时所采取的措施以及防止水质污染的措施等。

供水系统应保证水压稳定、可靠、高效节能。高层建筑生活给水系统应合理分区，低区应充分利用市政压力，高区采用减压分区时减压区不宜多于一区，同时可采用减压限流的节水措施。

根据用水要求的不同，给水水质应符合有关国家、行业或地方标准。生食品洗涤、烹饪、盥洗、淋浴、衣物洗涤、家具擦洗用水，其水质应符合国家现行标准《生活饮用水卫生标准》GB 5749 和《城市供水水质标准》CJ/T 206 的要求。当采用二次供水设施保证正常供水时，二次供水设施的水质卫生标准应符合现行国家标准《二次供水设施卫生规范》GB 17051 的要求。生活热水系统的水质要求与生活给水系统的水质要求相同。管道直饮水水质应满足行业标准《饮用净水水质标准》CJ 94 的要求。生活杂用水指用于便器冲洗、绿化浇洒、室内车库地面和室外地面冲洗用水，可使用建筑中水或市政再生水，其水质应符合国家现行标准《城市污水再生利用——城市杂用水水质》GB/T 18920、《城市污水再生利用——景观环境用水水质》GB/T 18921 和《生活杂用水水质标准》CJ/T 48 的相关要求。医院的门诊部和住院部等，考虑到使用人群的免疫力较低，可不采用再生水冲厕。

管材、管道附件及设备等供水设施的选取和运行不应对供水造成二次污染。有直饮水时，直饮水应采用独立的循环管网供水，并设置安全报警装置。

各类给水系统应保证以足够的水量和水压向所有用户不间断地供应符合卫生要求的用水。

2)建筑排水系统设计方案、医院污水、核医学科污水的排放要符合国家相关标准规范的规定。设计方案内容包括现有排水条件、排水系统的选择及排水体制、污废水排水量等。

应设有完善的污水收集和污水排放等设施。经技术经济分析合理时，可考虑污废水的回收再利用，自行设置完善的污水收集和处理设施。优质杂排水的再生利用可以有效地减少市政供水量和污水排放量。

对已有雨污分流排水系统的城市或区域，室外排水系统应实行雨污分流，避免雨污混流。雨污水收集、处理及排放系统不应对周围人和环境产生负面影响。

(5)采用节水器具、设备和系统。

水资源利用方案中应说明设计采用的节水器具、高效节水设备和相关的技术措施等，并应注明节水性能和用水效率等级等相关参数要求。所有项目均应采用节水器具。

(6)非传统水源利用方案。

对雨水、再生水及海水等水资源利用的技术经济可行性应在统筹考虑当地政府相关政策、规定等的基础上进行分析和研究，进行水量平衡计算，确定雨水、再生水及海水等水资源的利用方法、规模、处理工艺流程等。

按照市政部门提供的市政排水条件，靠近或处于市政管网服务区域的建筑，其生活污水可排入市政污水管网，纳入城市污水集中处理系统；远离或不能接入市政排水系统的污水，应进行单独处理(分散处理)，且要设置完善的污水收集和污水排放等设施。处理后排放到附近受纳水体，其水质应达到国家及地方相关排放标准。缺水地区还应考虑回用。污水处理率和达标排放率必须达到100%。

多雨地区应根据当地的降雨与水资源等条件，因地制宜地加强雨水利用。降雨量相对较少且季节性差异较大的地区，应慎重研究是否设置雨水收集系统(若设置，应使其规模合理)，避免投资效益低下。

内陆缺水地区可加强再生水利用。淡水资源丰富地区不宜强制实施污水再生利用。

(7)《民用建筑节水设计规范》GB 50555中强制性条文第4.1.5条规定“景观用水水源不得采用市政自来水和地下水”。因此，景观水体补水不能采用市政供水和自备地下水井供水。设有水景的项目，水体的补水只能使用非传统水源，或在取得当地相关主管部门的许可后，利用临近的河水、湖水。

采用雨水和建筑中水作为水源时，水景规模应根据设计可收集利用的雨水或中水量确定。需要进行全年逐月水量平衡分析计算，以确定适宜的水景规模，并进行适应不同季节的水景设计。

【具体评价方式】

本条适用于各类医院建筑的设计阶段、运行阶段评价。

设计阶段评价：审核水资源利用方案，包括项目水资源利用的可行性分析报告、水量平衡分析、设计说明书、施工图、计算书等，对照水资源利用方案核查设计文件(施工图、设计说明、计算书等)的落实情况。

运行阶段评价：审核水资源利用方案，包括项目水资源利用的可行性分析报告、水量平衡分析、设计说明书、施工图、计算书、产品说明，并现场核查设计文件的落实情况、审核运行数据报告等。

6.1.2 绿色医院建筑应设置合理、完善、安全的给水排水系统。

【条文说明扩展】

合理、完善、安全的给排水系统应符合下列要求：

(1)给水排水系统的设计应符合国家现行标准的相关规定，如现行国家标准《建筑给水排水设计规范》GB 50015、《城镇给水排水技术规范》GB 50788、《民用建筑节水设计标准》GB 50555、《综合医院建筑设计规范》GB 51039 等。

(2)给水水压稳定、可靠,各给水系统应保证以足够的水量和水压向所有用户不间断地供应符合要求的用水。现行国家标准《民用建筑节水设计标准》GB 50555 第 4.2.1 条规定:设有市政或小区给水、中水供水管网的建筑,生活给水系统应充分利用城镇供水管网的水压直接供水。充分利用市政供水压力,是建筑给水的一项重要节能措施。

加压系统选用节能高效的设备如变频供水设备、高效水泵、叠压供水(利用市政余压)系统等;给水系统分区合理,高区采用减压分区时不多于一区,每区供水压力不大于 0.45MPa;合理采取减压限流的节水措施,生活给水系统各用水点处供水压力不大于 0.2MPa;

(3)根据用水要求的不同,给水水质应达到相关现行国家、行业及项目所在地区相关标准的要求。制剂和医疗用水水质应符合《国家药典》和医疗工艺的要求。使用非传统水源时,应采取用水安全保障措施,且不得对人体健康与周围环境产生不良影响。非传统水源一般用于生活杂用水,包括绿化灌溉、道路冲洗、水景补水、冲厕、冷却塔补水等,不同使用用途的用水应达到相应的水质标准,如:用于冲厕、绿化灌溉、洗车、道路浇洒应符合现行国家标准《城市污水再生利用　城市杂用水水质标准》GB/T 18920 的要求,用于景观用水应符合现行国家标准《城市污水再生利用　景观环境用水水质》GB/T 18921 的要求,用于冷却塔补水时应符合《采暖空调系统水质标准》GB/T 29044 的要求。

雨水、再生水等非传统水源在储存、输配等过程中要有足够的消毒杀菌能力,且水质不会被污染,以保障水质安全。供水系统应设有备用水源、溢流装置及相关切换设施等,以保障水量安全。雨水、再生水在处理、储存、输配等环节中要采取安全防护和监(检)

测控制措施，应符合现行国家标准《污水再生利用工程设计规范》GB 50335及《建筑中水设计规范》GB 50336的相关规定和要求，以保证雨水、再生水在处理、储存、输配和使用过程中的卫生安全，不对人体健康和周围环境产生影响。利用海水时，由于海水盐分含量较高，应考虑管材和设备的防腐问题，以及使用后排放问题。设置景观水体的，在水景规划及设计时应考虑到补水及水质保障问题，将水景设计和水质安全保障措施结合起来。

(4)管材、管道附件及设备等供水设施的选取和运行不应对供水造成二次污染。有直饮水时，直饮水应采用独立的循环管网供水，并设置安全报警装置。使用非传统水源时，保证非传统水源的使用安全，防止误接、误用、误饮。

(5)设置完善的污水收集和污水排放等设施，有市政排水管网服务的地区，生活污水可排入市政污水管网、由城市污水系统集中处理；远离或不能接入市政排水系统的污水，应自行设置完善的污水处理设施，单独处理(分散处理)后排放至附近受纳水体，其水质应达到国家相关排放标准，并满足地方主管部门对排放的水质水量的要求。技术经济分析合理时，可考虑污废水的回收再利用，自行设置完善的污水收集和处理设施。污水处理率应达到100%，达标排放率必须达到100%。

应根据医院生活用水和工艺用水的特点，本着既满足特殊用水的功能要求，又管理便利、技术经济合理的原则，合理采用分散或集中的水处理系统。

医疗污水排放，如传染病门急诊和病房的污水、放射性废水、牙科废水等，应满足《医疗机构污水排放要求》GB 18466、《电离辐射放射卫生防护与辐射源安全基本标准》GB 18871等相关现行国家、行业或项目所在地相关标准的规定。

实行雨污分流地区的项目，室外排水系统应实行雨污分流，避免雨污混流。雨污水收集、处理及排放系统不应对周围人和环境产生负面影响。

(6)为避免室内重要物资和设备受潮引起的损失，应采取有效措施避免管道、阀门和设备的漏水、渗水或结露。

(7)选择热水供应系统时，热水用水量较小且用水点分散时，宜采用局部热水供应系统；热水用水量较大、用水点比较集中时，应采用集中热水供应系统，并应设置完善的热水循环系统，保证用水点开启后10s内热水出水温度达到45℃。

设置集中生活热水系统时，应确保冷热水系统压力平衡，或设置混水器、恒温阀、压差控制装置等。

(8)应根据当地气候、地形、地貌等特点合理规划雨水排放或利用，保证排水渠道畅通，控制径流污染，合理利用雨水资源。

【具体评价方式】

本条适用于各类医院建筑的设计阶段、运行阶段评价。

设计阶段评价：审核给排水系统的设计文件(含设计说明、施工图、计算书)。

运行阶段评价：审核给排水系统的竣工图、产品说明书、水质检测报告、运行数据报告等，并现场核查。

6.1.3 绿色医院建筑应采用节水器具。

【条文说明扩展】

本着"节流为先"的原则，除特殊功能需要外，所有用水器具应满足国家现行标准《节水型生活用水器具》CJ 164及《节水型产品通用技术条件》GB/T 18870的要求。

对医院建筑来说，由于医生洗手频率高，用水量大，而感应龙头的节水率约30％～50％，节水量可观，故除有特殊功能要求外，洗手盆可采用感应龙头，为减少投资，洗手盆龙头也可采用节水效果较好的脚踏式、肘击式等非手动开关。淋浴器采用刷卡计时淋浴器，采用刷卡计量措施，有效节约洗浴用水。这两项对医院节水意义重大。

同时，对医院建筑而言，在强调节水的同时要满足非接触要求。在产房、手术室刷手池、护士站室、治疗室、洁净无菌室、供应中心、ICU、血液病房和烧伤病房等房间的洗手盆，诊室、检验科和配方室等房间的洗手盆，其他有无菌要求或需要防止交叉感染的场所的卫生器具均应采用非接触性或非手动开关，并应防止污水外溅。

项目选用对工作水压、流量有特殊需求的用水器具时，应说明选用该种用水器具的原因，及其工作水压和流量。

【具体评价方式】

本条适用于各类医院建筑的设计阶段、运行阶段评价。

设计阶段评价：审核用水器具设置的相关设计文件、产品说明书等。

运行阶段评价：审核用水器具设置的相关竣工图、产品说明书、产品节水性能检测报告等，并现场核查。

6.2 评 分 项

6.2.1 建筑平均日用水量符合现行国家标准《民用建筑节水设计标准》GB 50555 中的有关节水用水定额的要求。本条评价总分值为10分，并应按表6.2.1的规则评分。

表6.2.1 建筑平均日用水量的评分要求

评价内容	得分
建筑平均日用水量小于节水用水定额的上限值、不小于中间值要求	4
建筑平均日用水量小于节水用水定额的中间值、不小于下限值要求	7
建筑平均日用水量小于节水用水定额的下限值要求	10

【条文说明扩展】

现行国家标准《民用建筑节水设计标准》GB 50555 中的节水定额是指采用节水型生活用水器具后的平均日用水定额，是考虑了建筑内所有卫生器具均采用节水器具并充分发挥节水效果的设计定额。本条采用该节水用水定额作为基准，评价建筑用水器具的使用情况和节水效果。

运营阶段评价时，要根据实际运行一年的水表计量数据和使用人数、用水面积等计算平均日用水量，与节水用水定额进行比较来判定。现行国家标准《民用建筑节水设计标准》GB 50555 对医院住院部、门诊部、诊疗所、医务人员等都有节水用水定额的规定，可根据项目的具体情况选取。

计算平均日用水量时，应实事求是地确定用水的使用人数、用水面积等，使用人数在项目使用初期可能不会达到设计人数，因此对与用水人数相关的用水，如饮用、盥洗、冲厕、餐饮等，应根据实际用水人数来计算平均日用水量，实际用水人数应由物业部门或建筑运营管理部门根据实际监测情况提出；对与用水人数无关的用水，如绿化灌溉、地面冲洗、水景补水等，则根据实际水表计量情况进行考核。

本条的“上限值与下限值的中间值”取国家标准《民用建筑节水设计标准》GB 50555 中上限值和下限值的算术平均值。

【具体评价方式】

本条适用于各类医院建筑的运行阶段评价，设计阶段评价不参评。

运行阶段评价：审核实测用水量计量报告和建筑中各类用水的平均日用水量计算书。

6.2.2 采取有效措施避免管网漏损。本条评价总分值为 7 分，并应按表 6.2.2 的规则评分。

表 6.2.2 避免管网漏损的措施的评分要求

评价内容	得分
选用密闭性能好的阀门、设备，使用耐腐蚀、耐久性能好的管材、管件	1
室外埋地管道采取有效措施避免管网漏损	1
设计阶段，根据水平衡测试的要求安装分级计量水表，安装率达 100%。运行阶段，提供用水量计量情况和水平衡测试报告，并进行管网漏损检测、整改	5

【条文说明扩展】

管网漏失水量包括：阀门故障漏水量、室内卫生器具漏水量、水池、水箱溢流漏水量、设备漏水量和管网漏水量。为避免漏损，可采取以下措施：

(1)给水系统中使用的管材、管件，必须符合现行产品行业标准的要求。对新型管材和管件应符合企业标准的要求，企业标准必须经由有关行政和政府主管部门，组织专家评估或鉴定。

(2)选用性能高的阀门、零泄漏阀门等。

(3)合理设计供水压力，避免供水压力持续高压或压力骤变。

(4)做好管道基础处理和覆土，控制管道埋深，加强管道工程施工监督，把好施工质量关。

(5)水池、水箱溢流报警和进水阀门自动联动关闭。

(6)根据水平衡测试的要求安装分级计量水表，计量水表安装率达100%。

给水系统中使用的管材、管件，应符合现行有关标准的要求。对新型管材和管件应符合企业标准的要求，且应由国家认可的检测机构进行试验、论证，出具检测报告，并经有关部门或机构组织专家审定后，方可使用。

水平衡测试是对项目用水进行科学管理的有效方法，也是进一步做好节约用水工作的基础。通过水平衡测试，能够全面了解用水状况，各部位(单元)用水现状，画出水平衡图，依据测定的水量数据，找出水量平衡关系和合理用水程度，判断管网漏损情况，采取相应的措施，挖掘用水潜力，达到加强用水管理、提高合理用水水平的目的。

水平衡测试是实现最大限度地节约用水和合理用水的一项基础工作，涉及用水项目管理的各个方面，同时也表现出较强的综合性、技术性。进行水平衡测试应达到以下目标：

(1)掌握项目用水现状。如水系管网分布情况，各类用水设备、设施、仪器、仪表分布及运转状态，用水总量和各用水单元之间的定量关系，获取准确的实测数据。

(2)对项目用水现状进行合理化分析。依据掌握的资料和获取的数据进行计算、分析、评价有关用水技术经济指标，找出薄弱环节和节水潜力，制订出切实可行的技术、管理措施和规划。

(3)找出项目用水管网和设施的泄漏点，并采取修复措施，堵塞跑冒滴漏。

(4)健全项目用水三级计量仪表设置。既能保证水平衡测试量化指标的准确性，又为今后的用水计量和考核提供技术保障。

(5)可以较准确地把用水指标层层分解下达到各用水单元，把计划用水纳入各级承包责任制或目标管理计划，定期考核，调动各方面的节水积极性。

(6)建立用水档案。在水平衡测试工作中，搜集的有关资料，原始记录和实测数据，按照有关要求，进行处理、分析和计算，形成一套完整详实的包括有图、表、文字材料在内的用水档案。

(7)通过水平衡测试提高建筑管理人员的节水意识、节水管理水平和技术水平。

(8)为制定用水定额、计划用水量指标和绩效考核提供较准确的基础数据。

按水平衡测试要求设置水表的关键在于分级设置计量水表、分项设置计量水表。分级越多、分项越细，水平衡测试的结果也越精确。

【具体评价方式】

本条适用于各类医院建筑的设计阶段、运行阶段评价。

设计阶段评价：审核有关防止管网漏损措施的施工图纸，含给排水设计及施工说明、给水系统图、分级水表设置示意图等。

运行阶段评价：审核采取避免管网漏损措施的相关竣工图(含给排水专业竣工说明、给水系统图、分级水表设置示意图等)、用水量计量、水平衡测试和漏损检测及整改情况的报告，并现场核查。

6.2.3 给水系统无超压出流现象。本条评价总分值为8分，并应按表6.2.3的规则评分。

表 6.2.3 给水系统供水压力的评分要求

评价内容	得分
卫生器具用水点供水压力均不大于 0.30MPa	3
卫生器具用水点供水压力均不大于 0.20MPa，且不小于用水器具要求的最低压力	8

【条文说明扩展】

给水系统设计时应合理进行压力分区，并适当地采取减压措施，避免超压出流现象的产生。

卫生器具给水额定流量是为满足使用要求，卫生器具给水配件出口，在单位时间内流出的规定出水量。流出水头是保证给水配件流出额定流量，在阀前所需的水压。给水配件阀前压力大于流出水头，给水配件在单位时间内的出水量超过额定流量的现象，称超压出流现象，该流量与额定流量的差值，为超压出流量。给水配件超压出流，不但会破坏给水系统中水量的正常分配，对用水工况产生不良的影响，同时因超压出流量未产生使用效益，为无效用水量，即浪费的水量。因它在使用过程中流失，不易被人们察觉和认识，属于"隐形"水量浪费，因而至今未引起足够的重视。

建筑给水系统超压出流的控制，主要体现在给水系统合理压力分区、采取减压措施等方面。

对于有特殊用水压力要求的器具，应在设计文件的主要设备材料表中予以说明。

在执行过程中需做到：掌握用水点的供水水压、水量等要求；明确用水器具、设备的水压、水量要求；设计控制超压出流的技术措施，如管网压力分区、减压阀、减压孔板等的设置。

【具体评价方式】

本条适用于各类医院建筑的设计阶段、运行阶段评价。

设计阶段评价：审核给水排水专业相关设计文件（含给水排水设计及施工说明、给水系统图、主要设备材料表、各层用水点用水压力计算表等）。

运行阶段评价：审核采取避免给水系统超压出流措施的相关竣工图（含给水排水专业竣工说明、给水系统图、主要设备材料表、各层用水点用水压力计算表等）、产品说明书，并现场核查。

6.2.4 按用途和管理单元设置用水计量装置。本条评价总分值为10分，并应按表6.2.4的规则评分。

表6.2.4 用水计量装置设置的评分要求

评价内容	得分
按照使用用途分别设置用水计量装置、统计用水量	2
按照管理单元情况分别设置用水计量装置、统计用水量	4
公用浴室淋浴器、病房卫生间等采用刷卡用水等计量措施	4

【条文说明扩展】

对不同使用用途和不同管理单位分区域、分用途设水表统计用水量，对食堂、办公、住院、医技、绿化景观、空调系统、游泳池、景观等用水分别设置用水计量装置、统计用水量，据此实行计量用水或绩效考核，达到鼓励行为节水的目的，同时还可统计各种用途的用水量和分析渗漏水量，达到持续改进的目的。

按照管理单元情况分别设置用水计量装置、统计用水量，各管理单元通常是分别计量收费，或即使是不分别计量收费，也可以根据用水计量情况，对不同部门进行节水绩效考核，促进行为节水。

对有可能实施用者付费的场所，设置用者付费的设施，实现行为节水。本条中“公用浴室”既包括医院为医务人员设置的公用浴室，也包含为物业管理人员、餐饮服务人员和其他工作人员设置的公用浴室。

【具体评价方式】

本条适用于各类医院建筑的设计阶段、运行阶段评价。评价时本条1、2、3评分项可累计得分。

设计阶段评价：审核涉及水表设置的给水排水专业相关设计文件（含给水排水设计及施工说明、给水系统图、水表设置示意图等）。

运行阶段评价:审核体现水表设置的相关竣工图(含给水排水专业竣工说明、给水系统图、水表设置示意图等)、各类用水的计量记录及统计报告,并现场核查。

6.2.5 使用较高用水效率等级的卫生器具。本条评价总分值为10分,并应按表6.2.5的规则评分。

表6.2.5 卫生器具用水效率等级的评分要求

评价内容	得分
卫生器具用水效率等级达到三级	5
卫生器具用水效率等级达到二级	10

【条文说明扩展】

卫生器具除按6.1.3条要求选用节水器具外,绿色建筑还鼓励选用更高节水性能的节水器具,目前我国已对部分用水器具的用水效率制定了相关标准,如:《水嘴用水效率限定值及用水效率等级》GB 25501、《坐便器用水效率限定值及用水效率等级》GB 25502、《小便器用水效率限定值及用水效率等级》GB 28377、《淋浴器用水效率限定值及用水效率等级》GB 28378、《便器冲洗阀用水效率限定值及用水效率等级》GB 28379,今后还将陆续出台其他用水器具的标准。

《水嘴用水效率限定值及用水效率等级》GB 25501—2010规定了水嘴用水效率等级,在(0.10±0.01)MPa动压下,依据表6.2.5-1的水嘴流量(带附件)判定水嘴的用水效率等级。水嘴的节水评价值为用水效率等级的2级。

表6.2.5-1 水嘴用水效率等级指标

用水效率等级	1级	2级	3级
流量(L/s)	0.100	0.125	0.150

《坐便器用水效率限定值及用水效率等级》GB 25502—2010规定了坐便器用水效率等级,如表6.2.5-2所示。坐便器的节水评价值为用水效率等级的2级。

表 6.2.5-2　坐便器用水效率等级指标

<table>
<tr><td colspan="3">用水效率等级</td><td>1 级</td><td>2 级</td><td>3 级</td><td>4 级</td><td>5 级</td></tr>
<tr><td rowspan="4">用水量(L)</td><td>单档</td><td>平均值</td><td>4.0</td><td>5.0</td><td>6.5</td><td>7.5</td><td>9.0</td></tr>
<tr><td rowspan="3">双档</td><td>大档</td><td>4.5</td><td>5.0</td><td>6.5</td><td>7.5</td><td>9.0</td></tr>
<tr><td>小档</td><td>3.0</td><td>3.5</td><td>4.2</td><td>4.9</td><td>6.3</td></tr>
<tr><td>平均值</td><td>3.5</td><td>4.0</td><td>5.0</td><td>5.8</td><td>7.2</td></tr>
</table>

《小便器用水效率限定值及用水效率等级》GB 28377—2012 规定了小便器用水效率等级，如表 6.2.5-3 所示。小便器的节水评价值为用水效率等级的 2 级。

表 6.2.5-3　小便器用水效率等级指标

用水效率等级	1 级	2 级	3 级
冲洗水量(L)	2.0	3.0	4.0

《淋浴器用水效率限定值及用水效率等级》GB 28378—2012 规定了淋浴器用水效率等级，如表 6.2.5-4 所示。淋浴器的节水评价值为用水效率等级的 2 级。

表 6.2.5-4　淋浴器用水效率等级指标

用水效率等级	1 级	2 级	3 级
流量(L/s)	0.08	0.12	0.15

《便器冲洗阀用水效率限定值及用水效率等级》GB 28379—2012 规定了便器冲洗阀用水效率等级，如表 6.2.5-5、6.2.5-6 所示。便器冲洗阀的节水评价值为用水效率等级的 2 级。

表 6.2.5-5　大便器冲洗阀用水效率等级指标

用水效率等级	1 级	2 级	3 级	4 级	5 级
冲洗水量(L)	4.0	5.0	6.0	7.0	8.0

表 6.2.5-6　小便器冲洗阀用水效率等级指标

用水效率等级	1 级	2 级	3 级
冲洗水量(L)	2.0	3.0	4.0

用水效率等级达到节水评价值的卫生器具具有更优的节水性能，因此本条规定按达到的用水效率等级分档评分，达到二级得10分，达到三级得5分。

在设计文件中要注明对卫生器具的节水要求和相应的参数或标准。当存在不同用水效率等级的卫生器具时，按满足最低等级的要求得分。

卫生器具有用水效率相关标准的应全部采用，方可认定达标。今后当其他用水器具出台了相应标准时，按同样的原则进行要求。

【具体评价方式】

本条适用于各类医院建筑的设计阶段、运行阶段评价。

设计阶段评价：审核施工图纸、设计说明书、产品说明书，在设计文件中要注明对卫生器具的节水要求和相应的参数；

运行阶段评价：审核竣工图纸、设计说明书、产品说明书、产品检测报告及现场核查。

6.2.6 绿化灌溉采用节水灌溉方式。本条评价总分值为10分，并应按表6.2.6的规则评分。

表6.2.6 节水灌溉方式的评分要求

评价内容	得分
采用节水灌溉系统	7
采用节水灌溉系统基础之上，设有土壤湿度感应器、雨天关闭装置等节水控制措施；或种植无需永久灌溉植物	10

【条文说明扩展】

传统的绿化浇灌多采用直接浇灌（漫灌）方式，不但会浪费大量的水，还会出现跑水现象，使水流到人行道、街道或车行道上，影响周边环境。传统灌溉过程中的水量浪费主要是由四个方面导致：高水压导致的雾化；土壤密实、坡度和过量灌溉所导致的径流损失；天气和季节变化导致的过量灌溉；不同植物种类和环境条件差异所导致的过量灌溉。

绿化灌溉应采用喷灌、微灌、渗灌、低压管灌等节水灌溉方式，同时还可采用湿度传感器或根据气候变化进行调节的调节控制器。当采用再生水灌溉时，因水中微生物通过喷灌在空气中极易传播，应避免采用喷灌方式。

微灌包括滴灌、微喷灌、涌流灌和地下渗灌，是通过低压管道和滴头或其他灌水器，以持续、均匀和受控的方式向植物根系输送所需水分的灌溉方式。微灌比地面漫灌省水50%～70%，比喷灌省水15%～20%。其中微喷灌射程较近，一般在5m以内，喷水量为200L/h～400L/h。微灌的灌水器孔径很小，易堵塞。微灌的用水一般都应进行净化处理，先经过沉淀除去大颗粒泥沙，再进行过滤，除去细小颗粒的杂质等，特殊情况下还需进行化学处理。

土壤湿度感应器可以有效测量土壤容积含水量，使灌溉系统能够根据植物的需要启动或关闭，防止过旱或过涝情况的出现。雨天关闭装置可以使灌溉系统在雨天自动关闭。

当90%以上的绿化面积采用了高效节水灌溉方式时，方可判定本条得7分；当90%以上的绿化面积采用了高效节水灌溉方式和节水控制措施时，或当50%以上的绿化面积采用了无须永久灌溉植物，且其余部分绿化采用了节水灌溉方式时，方可判定本条得10分。当选用无须永久灌溉植物时，施工图、竣工图中应提供植物配置表，并说明是否属于无须永久灌溉植物；申报方应提供当地植物名录，说明所选植物的耐旱性能。

【具体评价方式】

本条适用于各类医院建筑的设计阶段、运行阶段评价。

设计阶段评价：审核绿化灌溉相关设计图纸（含给排水设计及施工说明、景观设计说明、室外给排水平面图、绿化灌溉平面图、相关节水灌溉产品的设备材料表等）、景观设计图纸（含苗木表、当地植物名录等）、节水灌溉产品说明书。

运行阶段评价：审核绿化灌溉相关竣工图纸（含给水排水专业竣工说明、景观专业竣工说明、室外给水排水平面图、绿化灌溉平面图、相关节水灌溉产品的设备材料表等）、节水灌溉产品说明书，并进行现场核查。现场核查包括实地检查节水灌溉设施的使用情况、审核绿化灌溉用水制度和计量报告。

6.2.7 集中空调的循环冷却水系统采用节水技术。本条评价总分值为10分,并应按表6.2.7的规则评分。

表6.2.7 集中空调的循环冷却水节水的评分要求

评价内容	得分
开式循环冷却水系统设置水处理措施,采取加大集水盘、设置平衡管或平衡水箱的方式,避免冷却水泵停泵时冷却水溢出	6
采用无蒸发耗水量的冷却技术	10
运行时,冷却塔的蒸发耗水量占冷却水补水量的比例不低于80%	10

【条文说明扩展】

减少冷却水系统不必要的耗水对整个建筑物的节水意义重大。

(1)开式循环冷却水系统或闭式冷却塔的喷淋水系统,受气候、环境的影响,冷却水水质比闭式系统差,改善冷却水系统水质可以保护制冷机组和提高换热效率。仅通过排污和补水改善水质,耗水量大,不符合节水原则。应设置水处理装置和化学加药装置改善水质,减少排污耗水量。可优先采用物理和化学手段,设置水处理装置和化学加药装置改善水质,减少排污耗水量。

开式冷却塔冷却水系统设计不当,高于集水盘的冷却水管道中部分水量在停泵时有可能溢流排掉。为减少上述水量损失,设计时可采取加大集水盘、设置平衡管或平衡水箱等方式,相对加大冷却塔集水盘浮球阀至溢流口段的容积,避免停泵时的泄水和启泵时的补水浪费。

(2)整个项目的所有空调设备或系统均无蒸发耗水量时,本条第2评分项方可得分。当仅有部分空调设备或系统为无蒸发耗水量的系统或设备时,按第3评分项评价方法评价。

本评分项所指的“无蒸发耗水量的冷却技术”包括采用风冷式冷水机组、风冷式多联机、地源热泵、干式运行的闭式冷却塔等。

采用风冷方式替代水冷方式可以节省水资源消耗，风冷空调系统的冷凝排热以显热方式排到大气，并不直接耗费水资源，但由于风冷方式制冷机组的COP通常较水冷方式的制冷机组低，所以需要综合评价工程所在地的水资源和电力资源情况，有条件时宜优先考虑风冷方式排出空调冷凝热。

(3)本评分项从冷却补水节水角度出发，不考虑不耗水的接触传热作用，假设建筑全年冷凝排热均为蒸发传热作用的结果，通过建筑全年冷凝排热量可计算出排出冷凝热所需要的蒸发耗水量。

水在不同的饱和温度下蒸发所吸收的蒸发潜热是不同的，或者说一定的冷凝热在不同的饱和蒸发温度下所需要蒸发的水量是不同的。空调冷却水的蒸发温度多在20℃～30℃之间变化。水在20℃饱和温度下的蒸发潜热是2453.48kJ/kg，在30℃饱和温度下的蒸发潜热是2429.80kJ/kg，二者之差不超过1%。这样的差别在工程用水量的计算中可以忽略。

水冷制冷机组的冷凝排热通过蒸发传热和接触传热两种形式排到大气，在不同季节两者的作用有所不同。冬季气温低，接触传热量可占50%以上，甚至达70%以上，接触传热不耗水；夏季气温高，接触传热量小，蒸发传热占主要地位，其传热量可占总传热量的80%～90%，蒸发传热需要耗水，绝大部分耗水以水分蒸发的形式散到大气中。

实际运行时，在蒸发传热占主导的季节中，开式冷却水系统或闭式冷却塔的喷淋水系统的实际补水量大于蒸发耗水量的部分，主要由冷却塔飘水、排污和溢水等因素造成。蒸发耗水量所占的比例越高，不必要的耗水量越低，系统也就越节水。在接触传热占主导的季节中，由于较大一部分排热实际上是由接触传热作用实现的，通过不耗水的接触传热排出冷凝热也可达到节水的目的。

对于开式冷却塔系统，不考虑不耗水的接触传热作用，假设建筑全年冷凝排热均为蒸发传热作用的结果，通过建筑全年冷凝排热量可计算出排出冷凝热所需要的理论蒸发耗水量。开式冷却系统年排出冷凝热所需的蒸发耗水量由系统年冷凝排热量及水的汽化热决定，在系统确定的情况下是一个固定值。应满足蒸发耗水量占冷却水补水量的比例不低于80%，这通常可以通过采取技术措施减少系统排污量、飘水量等其他不必要的耗水量来实现。

设有喷淋水系统的闭式冷却塔系统在全年运行中，存在着“闭式”和“开式”两种工作状态。通常状态下，闭式冷却塔系统通过接触传热排出冷凝热，不耗水；部分高温时段，闭式冷却塔系统开启喷淋水系统，同开式冷却塔一样，蒸发传热占主要地位，需要补水。

对于闭式冷却系统，也可以将全年的冷凝排热换算成理论蒸发耗水量。在系统确定的情况下，理论蒸发耗水量为定值。理论蒸发耗水量与系统年冷却补水量的比值越大，证明喷淋水系统节水效率越高或运行时间越短，需要的补水量越小。因此，对于设有喷淋水系统的闭式冷却塔系统，同开式冷却塔一样，满足蒸发耗水量占冷却水补水量的比例不低于80%时，本条第3款可以得分。

设喷淋水系统的闭式冷却塔系统，在全年运行中只有部分时段开启喷淋水系统，故其冷却补水量一般均小于开式冷却塔系统，甚至冷却水补水量可以小于蒸发耗水量，更容易满足本条第2项的要求。喷淋水系统年开启时间很少的闭式冷却塔系统，蒸发耗水量占冷却水补水量的比例可能超过100%，甚至更高。

集中空调制冷及其自控系统设计应提供条件使其满足能够记录、统计空调系统的冷凝排热量，在设计与招标阶段，对空调系统/冷水机组应有安装冷凝热计量设备的设计与招标要求；运行阶段可以通过楼宇控制系统实测、记录并统计空调系统/冷水机组全年的冷凝热，据此计算出排出冷凝热所需要蒸发耗水量。相应的蒸发耗水量占冷却水补水量的比例不应低于80%。

排出冷凝热所需要蒸发耗水量可按下式计算

$$Q_e = \frac{H}{r_0}$$

式中：Q_e——排出冷凝热所需要的蒸发耗水量(kg)；

H——冷凝排热量(kJ);

r_0——水的汽化潜热(kJ/kg)。

采用喷淋方式运行的闭式冷却塔应同开式冷却塔一样,计算其排出冷凝热所需要的蒸发耗水量占补水量的比例,不应低于80%。

【具体评价方式】

本条适用于各类医院建筑的设计阶段、运行阶段评价。不设置空调设备或系统的项目,本条直接得10分。第1、2、3评分项得分不累加。第3评分项仅适用于运行阶段评价。

设计阶段评价:审核给排水专业、暖通专业空调冷却系统相关设计文件、计算书、产品说明书。

运行阶段评价:审核给排水专业、暖通专业空调冷却系统相关竣工图纸、设计说明、产品说明,审核冷却水系统的运行数据、冷却水补水量的用水计量报告和蒸发量计算书,并现场核查。

6.2.8 除卫生器具、绿化灌溉和冷却塔外的其他用水采用了节水技术或措施。本条评价总分值为5分,并应按表6.2.8的规则评分。

表6.2.8 其他用水的节水技术或措施的评分要求

评价内容	得分
其他用水的50%采用了节水技术或措施	3
其他用水的80%采用了节水技术或措施	5

【条文说明扩展】

除卫生器具、绿化灌溉和冷却塔以外的其他用水设备也宜采用节水设备,如节水型洗衣机、洗车台、车库和道路冲洗采用节水高压水枪等。按采用节水技术和措施的其他用水量占总的其他用水量的比例进行分档评分。

【具体评价方式】

本条适用于各类医院建筑的设计阶段、运行阶段评价。

设计阶段评价:审核项目参评本条的节水技术或措施相关设计文件、计算书、产品说明书。

运行阶段评价：审核项目参评本条的节水技术或措施相关竣工图纸、设计说明、产品说明，审核水表计量报告，并现场核查。现场核查包括实地检查设备的运行情况。

6.2.9 合理收集利用蒸汽冷凝水等优质杂排水。本条评价总分值为10分，并应按表6.2.9的规则评分。

表6.2.9 优质杂排水收集利用的评分要求

评价内容	得分
实际收集利用水量占到可回收利用水量的50%	5
实际收集利用水量占到可回收利用水量的80%	10

【条文说明扩展】

医院存在不少可以回收利用的废水，如高纯水净化制作过程中排掉的废水，蒸汽凝结水等，应该充分回收利用。

医院使用医疗净化用水的科室通常有：手术室、中心供应室、内窥镜室、检验科、血透室、口腔科、病理科、妇产科等，根据科室的分布情况，经整体经济核算比较，通常会采用各科室分散制纯水的模式或采用中央集中制纯水系统的模式，对产生的废水宜统一回收处理再利用。

医院每天的生活热水用量较大，如果采用锅炉房的蒸汽作为热媒加热生活热水时，会形成大量的凝结水，其水质较好，水温高，未受污染，经处理后可以作为锅炉的补水用，以减少锅炉自来水的补水量。有条件的可以结合洗衣房的设置位置，经过经济技术比较，供应洗衣房前段洗衣用水，也是值得鼓励的，对节水也是有意义的。

医院洗衣房的排水，含有医院排水的病菌等风险因素，需要排入污水处理站，经消毒处理排放，因此不建议回用。

下面是应用效果较好的三种优质杂排水利用方式：

(1)利用锅炉房的蒸汽作为热媒来加热生活热水时，将蒸汽凝结水回收到锅炉房，作为锅炉补水用；

(2)在满足锅炉补水的前提下，经过经济技术比较，利用蒸汽凝结水供应洗衣房前段洗衣用水；

(3)收集利用其他可利用的优质杂排水。

【具体评价方式】

本条适用于各类医院建筑的设计阶段、运行阶段评价。

设计阶段评价：审核水资源利用分析报告、施工图纸文件(含当地相关主管部门的许可)、设计说明书、非传统水源利用计算书。

运行阶段评价：审核竣工图纸、设计说明书、计算书及现场核查，现场核查包括实地检查、审核用水计量记录及统计报告。

6.2.10 绿化灌溉、道路浇洒、洗车用水、室外水景补水等生活杂用水采用非传统水源。本条评价总分值为10分，并应按表6.2.10的规则评分。

表6.2.10 生活杂用水采用非传统水源的评分要求

评价内容	得分
50%的生活杂用水采用非传统水源	5
80%的生活杂用水采用非传统水源	10

【条文说明扩展】

本条所指的生活杂用水指用于绿化浇灌、洗车、冲洗道路、室外水景补水等非饮用水，不含冲厕用水和室内小型水景的补水，主要是考虑到医院由于病人免疫能力较低，冲厕、室内小型水景等在使用时有可能和人体接触，故可不考虑使用非传统水源。

项目所在地区年降雨量低于400mm、项目无市政再生水利用条件，且建筑可回用水量小于100m^3/d时，本条不参评。根据现行国家标准《民用建筑节水设计标准》GB 50555的规定，“建筑可回用水量”指建筑的优质杂排水和杂排水水量，优质杂排水指杂排水中污染程度较低的排水，如沐浴排水、盥洗排水、洗衣排水、空调冷凝水、游泳池排水等；杂排水指民用建筑中除粪便污水外的各种排水，除优质杂排水外还包括冷却排污水、游泳池排污水、厨房排水等。考虑到医院废水中与病人接触过的废水(住院部洗漱淋浴废水、洗衣废水等)也不宜作为中水的原水，因此医院建筑可回用水量应剔除这部分水量。

【具体评价方式】

本条适用于各类医院建筑的设计阶段、运行阶段评价。项目所在地区年降雨量低于400mm、项目无市政再生水利用条件,且建筑可回用水量小于100m³/d时,本条不参评。

设计阶段评价:审核非传统水源利用的相关设计文件(包含给水排水设计及施工说明、非传统水源利用系统图及平面图、机房详图等)、当地相关主管部门的许可、非传统水源利用计算书。

运行阶段评价:审核非传统水源利用的相关竣工图纸(包含给水排水专业竣工说明、非传统水源利用系统图及平面图、机房详图等),审核用水计量记录、计算书及统计报告、非传统水源水质检测报告,并现场核查。

6.2.11 结合雨水利用设施进行景观水体设计,利用雨水对景观水体补水,雨水利用补水量大于水体蒸发量的60%,并采用生态水处理技术保障水体水质。本条评价总分值为10分,并应按表6.2.11的规则评分。

表 6.2.11 景观水体利用雨水的评分要求

评价内容	得分
进入景观水体的雨水,利用场地生态设施控制径流污染	5
采取有效措施,利用水生动、植物进行水体净化	5

【条文说明扩展】

《民用建筑节水设计规范》GB 50555中强制性条文第4.1.5条规定"景观用水水源不得采用市政自来水和地下水",全文强制的《住宅建筑规范》GB 50368第4.4.3条规定"人工景观水体的补充水严禁使用自来水",因此设有水景的项目,水体的补水只能使用非传统水源,或在取得当地相关主管部门的许可后,利用临近的河、湖水。有景观水体,但利用临近的河、湖水进行补水,此条不得分。景观水体的补水没有利用雨水或雨水利用量不满足要求,此条不得分。

自然界的水体(河、湖、塘等)大都是由雨水汇集而成,结合场地的地形地貌汇集雨水,用于景观水体的补水,是节水和保护生态环境的最佳选择。因此景观水体的补水应充分利用场地的雨水资源,不足时再考虑其他非传统水源的使用。

蒸发量可审核当地的气象资料,根据逐月水面面积的变化计算水体蒸发量。

本条要求雨水利用补水量大于水体蒸发量的60%,即采用其他水源对景观水体补水的量不得大于水体蒸发量的40%,景观水体的补水管均应设置水表。设计阶段应做好景观水体补水量和水体蒸发量逐月的水量平衡,确保满足本条的定量要求。在雨季和旱季降雨量差异较大时,可以通过水位或水面面积的变化来调节补水量的富余和不足,也可设计旱溪或干塘等来适应降雨量的季节性变化。

应在景观专项设计前落实项目所在地逐月降雨量、水面蒸发量等必需的基础气象资料数据。应编制全年逐月水量计算表,对可回用雨水量和景观水体所需补水量进行全年逐月水平衡分析。

景观水体的水质应符合国家标准《城市污水再生利用景观环境用水水质》GB/T 18921—2002 的要求。景观水体的水质保障应采用生态水处理技术,合理控制雨水面源污染。在雨水进入景观水体之前设置前置塘、缓冲带等前处理设施,或将屋面和道路雨水接入绿地,经绿地、植草沟等处理后再进入景观水体,有效控制雨水面源污染。景观水体应采用非硬质池底及生态驳岸,为水生动植物提供栖息条件,并通过水生动植物对水体进行净化;必要时可采取其他辅助手段对水体进行净化,确保水质安全。

【具体评价方式】

本条适用于各类医院建筑的设计阶段、运行阶段评价。不设景观水体的项目,本条直接得 7 分。景观水体的补水没有利用雨水或雨水利用量不满足要求时,本条不得分。

设计阶段评价：审核景观水体相关设计文件（含给排水设计及施工说明、室外给水排水平面图、景观设计说明、景观给排水平面图、水景详图等）、水量平衡计算书。

运行阶段评价：审核景观水体相关竣工图纸（含给水排水专业竣工说明、室外给水排水平面图、景观专业竣工说明、景观给排水平面图、水景详图等）、计算书，审核景观水体补水的用水计量记录及统计报告、景观水体水质检测报告，并现场核查。

7 节材与材料资源利用

7.1 控 制 项

7.1.1 不应使用国家、地方禁止或限制使用的建筑材料及制品。

【条文说明扩展】

本条用于约束绿色医院建筑项目不得采用国家主管部门禁用,地方主管部门禁止和限制使用的建筑材料及制品。

目前住房城乡建设部发布了《关于发布墙体保温系统与墙体材料推广应用和限制、禁止使用技术的公告》(住房城乡建设部公告2012年第1338号),北京、上海、江苏等地建设主管部门近几年也相继发布了推广、限制和禁止使用建筑材料目录等文件。

国家现行相关标准也对该内容进行了规定:《民用建筑绿色设计规范》JGJ/T 229—2010第7.1.2条规定:"严禁采用高耗能、污染超标及国家和地方限制使用或淘汰的材料。"现行国家标准《民用建筑工程室内环境污染控制规范》GB 50325—2010第4.3.1条规定:"民用建筑工程室内不得使用国家禁止使用、限制使用的建筑材料。"现行国家标准《建筑装饰装修工程质量验收规范》GB 50210—2001第3.2.1条规定:"严禁使用国家明令淘汰的材料"。

【具体评价方式】

本条适用于各类医院建筑的设计阶段、运行阶段评价。

设计阶段评价:审核建筑施工图设计说明、装修设计说明及装修做法表、材料概预算清单。

运行阶段评价:审核建筑竣工图设计说明、装修竣工图设计说明及装修做法表、材料决算清单。

7.1.2 混凝土结构中梁、柱纵向受力钢筋应采用不低于400MPa级的热轧带肋钢筋。

【条文说明扩展】

400MPa级及以上的热轧带肋钢筋，具有强度高、综合性能优的特点。在绿色建筑中推广采用高强钢筋，是加快转变经济发展方式的有效途径，是建设资源节约型、环境友好型社会的重要举措，对推动钢铁工业和建筑业结构调整、转型升级具有重大意义。

本条具体要求引自现行国家标准《混凝土结构设计规范》GB 50010—2010第4.2.1条第2款的规定："梁、柱纵向受力普通钢筋应采用HRB400、HRB500、HRBF400、HRBF500钢筋"。

本条针对的是对混凝土结构中梁、柱纵向受力普通钢筋，不涉及混凝土结构中其他构件。

【具体评价方式】

本条适用于混凝土结构的医院建筑设计阶段、运行阶段评价。当选用钢结构等其他结构形式时，无砼梁、柱者可不参评。

设计阶段评价：审核结构施工图设计说明、梁配筋图、柱配筋图。

运行阶段评价：审核结构竣工图说明、梁配筋图、柱配筋图。

7.1.3 建筑造型要素应简约，无大量装饰性构件。

【条文说明扩展】

建筑是艺术和技术的综合体，但为了片面追求美观而以较大的资源消耗为代价，不符合绿色建筑的基本理念。本条主要引导在建筑设计时应尽可能考虑屋顶、立面等处构件装饰性与功能性的结合，尽量避免设计纯装饰性构件并控制女儿墙高度，以减少建筑材料的浪费。

本条将没有功能作用的纯装饰性构件应用，归纳为如下几种常见情况：

(1)不具备遮阳、导光、导风、载物、辅助绿化等作用的飘板、格栅和构架等作为构成要素在建筑中大量使用。

(2)单纯为追求标志性效果在屋顶等处设立塔、球、曲面等异型构件。

(3)女儿墙高度超过标准要求2倍以上。

对于纯装饰性构件,应对其造价占单栋建筑总造价的比例进行控制,各单栋建筑均应符合“纯装饰性构件造价不高于所在单栋建筑总造价的5‰”。单栋建筑总造价系指该建筑的土建、安装工程总造价,不包括征地等其他费用。

评价时,对有功能作用的装饰性构件应由申报方提供功能说明书。对纯装饰性构件应以单栋建筑为单元进行造价比例核算并提交装饰性构件造价比例计算书,各单栋建筑均应符合造价比例要求。对于地下室相连接而地上部分分开的项目可按照申报主体进行整体计算,可不以地上单栋建筑为计量单元。

【具体评价方式】

本条适用于各类医院建筑的设计阶段、运行阶段评价。

设计阶段评价:审核建筑效果图、建筑施工图设计图纸(设计说明、平立剖图)、装饰性构件的功能说明书(如有功能性构件)、装饰性构件造价比例计算书(如有纯装饰性构件)、建筑工程造价预算表(如有纯装饰性构件)。

运行阶段评价:审核建筑实景照片、建筑竣工图设计图纸(设计说明、平立剖图)、装饰性构件的功能说明书(如有功能性构件)、装饰性构件造价比例计算书(如有纯装饰性构件)、建筑工程造价决算表(如有纯装饰性构件)。

7.2 评 分 项

7.2.1 施工现场500km以内生产的建筑材料质量占建筑材料总质量的60%以上。本条评价总分值为10分,并应按表7.2.1的规则评分。

表 7.2.1 本地化建材的评分要求

评价内容	得分
60%≤本地化建材使用比例<70%	6
70%≤本地化建材使用比例<80%	8
本地化建材使用比例≥80%	10

【条文说明扩展】

本条鼓励采用建设项目当地或较近地区生产的建筑材料，以减少建筑材料运输工程中的能源及资源消耗。本条所指的施工现场500km以内生产的建筑材料是指该建材的生产厂家距施工现场距离在500km以内，运输距离是指建筑材料的最后一个生产工厂或场地到施工现场的距离。

评价时重点审核施工现场500km以内生产的建筑材料使用比例计算书，审查其计算合理性及使用比例。

由于当地资源条件所限或者结构类型等原因较难达标时，可提交专项说明及计算文件，由专家酌情判断。

【具体评价方式】

本条适用于各类医院建筑运行阶段评价，设计阶段评价不参评。

运行阶段评价：审核500km以内生产的建筑材料使用比例计算书、工程决算材料清单、其他说明文件(由于当地资源条件所限或者结构类型等原因较难达标时)。

7.2.2 现浇混凝土使用预拌混凝土。本条评价总分值为10分，并应按表7.2.2的规则评分。

表 7.2.2 预拌混凝土的评分要求

评价内容	得分
现浇混凝土全部使用预拌混凝土	10

【条文说明扩展】

预拌混凝土产品性能稳定，易于保证工程质量，且采用预拌混凝土能够减少施工现场噪声和粉尘污染，节约资源，减少材料损耗。我国大力提倡和推广使用预拌混凝土，其应用技术已较为成熟。医院建筑项目往往建设在资源人口集中区，具备实施条件，本条鼓励在医院建筑项目的建设中全部使用预拌混凝土。

绿色医院建筑使用的预拌混凝土应符合现行国家标准《预拌混凝土》GB/T 14902 的规定。

【具体评价方式】

本条适用于所有使用现浇混凝土的医院建筑设计阶段、运行阶段评价。

设计阶段评价：审核结构施工图设计说明/建筑施工图设计说明、其他专项说明文件（如距施工现场 100km 范围内没有预拌混凝土供应，或因为项目结构类型等原因申请不参评）。

运行阶段评价：审核结构竣工图设计说明/建筑竣工图设计说明、预拌混凝土购销合同/供货单、预拌混凝土用量清单、其他专项说明文件（如距施工现场 100km 范围内没有预拌混凝土供应，或因为项目结构类型等原因申请不参评）。

7.2.3 建筑砂浆使用预拌砂浆。本条评价总分值为 10 分，并应按表 7.2.3 的规则评分。

表 7.2.3 预拌砂浆的评分要求

评价内容	得分
50%以上建筑砂浆使用预拌砂浆	6
建筑砂浆全部使用预拌砂浆	10

【条文说明扩展】

本条所指的预拌砂浆包括湿拌砂浆和干混砂浆。湿拌砂浆指水泥、细骨料、矿物掺合料、外加剂、添加剂和水，按一定比例，在搅拌站经计量、拌制后，运至使用地点，并在规定时间内使用的拌合物。干混砂浆指水泥、干燥骨料或粉料、添加剂以及根据性能确定的其他组分，按一定比例，在专业生产厂经计量、混合而成的混合物，在使用地点按规定比例加水或配套组成拌和使用。

绿色医院建筑采用预拌砂浆应符合国家现行标准《预拌砂浆》GB/T 25181 及《预拌砂浆应用技术规程》JGJ/T 223 的规定。

本条根据预拌砂浆用量比例分档评分。预拌砂浆用量比例按照其重量的比例进行计算，当预拌砂浆用量比例低于50%时，本条不得分，当建筑砂浆全部使用预拌砂浆，本条可得10分，其余情况可得6分。

【具体评价方式】

本条适用于各类医院建筑的设计阶段、运行阶段评价。

设计阶段评价：审核结构施工图设计说明/建筑施工图设计说明、其他专项说明文件（如因距施工现场500km范围内无干混砂浆供应且50km范围内没有湿拌砂浆供应等原因申请不参评）。

运行阶段评价：审核结构竣工图设计说明/建筑竣工图设计说明、预拌砂浆购销合同/供货单、预拌砂浆使用比例说明、预拌砂浆用量清单、其他专项说明文件（如因距施工现场500km范围内没有没有干混砂浆供应且50km范围内没有湿拌砂浆供应等原因申请不参评）。

7.2.4 合理采用高强建筑结构材料。本条评价总分值为10分，并应按表7.2.4的规则评分。

表7.2.4 高强建筑结构材料的评分要求

评价内容		得分
6层以上的钢筋混凝土建筑	钢筋混凝土结构中的受力普通钢筋使用HRB400级（及以上等级）钢筋占受力普通钢筋总量的50%以上	6
	钢筋混凝土结构中的受力普通钢筋使用HRB400级（及以上等级）钢筋占受力普通钢筋总量的70%以上	8
	钢筋混凝土结构中的受力普通钢筋使用HRB400级（及以上等级）钢筋占受力普通钢筋总量的85%以上，或使用HRB500级钢筋（及以上等级）占受力普通钢筋的65%以上	10
	混凝土竖向承重结构采用强度等级在C50（及以上等级）混凝土用量占竖向承重结构中混凝土总量的比例不低于50%	10

续表 7.2.4

评价内容		得分
钢结构建筑	Q345 及以上等级高强钢材用量占钢材总量的比例不低于 50%	8
	Q345 及以上等级高强钢材用量占钢材总量的比例不低于 70%	10

【条文说明扩展】

本条所涉及的高强建筑结构材料主要包括高强钢筋、高强混凝土、高强钢材等。高强钢筋主要指的是 400MPa 级及以上钢筋，包括 HRB400、HRB500、HRBF400、HRBF500 等。高强混凝土主要指的是抗压强度在 C50 及以上等级的混凝土。高强钢材主要指的是 Q345 及以上等级钢材。

本条对混凝土结构及钢结构分别进行评分，最高分值均为 10 分，评价时按材料结构类型对应的评分项评价。其中针对 6 层以上的钢筋混凝土建筑又分二项分别对钢筋、混凝土进行评价，每项最高得分均为 10 分，可取较高得分作为最终得分。

对于合理采用高强钢筋而言，采用 HRB500 级钢筋（及以上等级）占受力普通钢筋的 65%以上，可等同于采用 HRB400 级（及以上等级）钢筋占受力普通钢筋总量的 85%以上，均可获得 10 分。

对于部分构件为钢结构或钢骨结构的建筑，应对各构件部位高强结构材料使用情况分别进行评分，本条得分取平均值。对于由钢框架或型钢（钢管）混凝土框架与钢筋混凝土筒体所组成的共同承受竖向和水平作用的高层建筑混合结构，分别对其混凝土部分及钢结构部分按照相应要求进行评价，取二者的平均值得分。

【具体评价方式】

本条适用于 6 层以上钢筋混凝土医院和钢结构医院建筑设计

阶段、运行阶段评价，未采用高强钢筋、高强混凝土及高强钢材的木结构建筑等可不参评。

设计阶段评价：审核结构施工图纸、建筑施工图设计说明、高强材料使用比例计算书（应分别提供高强钢筋、高强混凝土、高强钢材）、材料概预算清单（需明确高强结构材料的使用部位及用量等信息）。

运行阶段评价：审核结构竣工图纸、建筑竣工图设计说明、高强材料使用比例计算书（应分别提供高强钢筋、高强混凝土、高强钢材）、材料决算清单（应明确高强结构材料的使用部位及用量等信息）、高强材料性能检测报告。

7.2.5 合理采用高耐久性建筑结构材料。本条评价总分值为5分，并应按表7.2.5的规则评分。

表7.2.5 高耐久性建筑结构材料的评分要求

评价内容		得分
混凝土结构	高耐久性混凝土用量占混凝土总量的比例不低于50%	5
钢结构	采用耐候结构钢或耐候型防腐涂料	5

【条文说明扩展】

本条中所指的高耐久性混凝土，系指按现行行业标准《混凝土耐久性检验评定标准》JGJ/T 193进行检测，抗硫酸盐等级KS90，抗氯离子渗透、抗碳化及抗早期开裂均达到Ⅲ级、不低于现行国家标准《混凝土结构耐久性设计规范》GB/T 50476中50年设计寿命要求的混凝土。对于严寒及寒冷地区，还要求抗冻性至少达到F250。

现行行业标准《混凝土耐久性检验评定标准》JGJ/T 193—2009中规定：

(1)混凝土抗冻性能、抗水渗透性能和抗硫酸盐侵蚀性能的等级划分应符合表7.2.5-1的规定。

表 7.2.5-1 混凝土抗冻性能、抗水渗透性能和抗硫酸盐侵蚀性能的等级划分

抗冻等级(快冻法)		抗冻标号(慢冻法)	抗渗等级	抗硫酸盐等级
F50	F250	D50	P4	KS30
F100	F300	D100	P6	KS60
F150	F350	D150	P8	KS90
F200	F400	D200	P10	KS120
＞F400		＞D200	P12	KS150
			＞P12	＞KS150

(2)混凝土抗氯离子渗透性能的等级划分应符合下列规定：

1)当采用氯离子迁移系数(RCM 法)划分混凝土抗氯离子渗透性能等级时，应符合表 7.2.5-2 的规定，且混凝土测试龄期应为 84d。

表 7.2.5-2 混凝土抗氯离子渗透性能的等级划分(RCM 法)

等级	RCM－Ⅰ	RCM－Ⅱ	RCM－Ⅲ	RCM－Ⅳ	RCM－Ⅴ
氯离子迁移系数 *DRCM* (RCM 法) (×10－12m^2/s)	*DRCM*≥4.5	3.5≤*DRCM*＜4.5	2.5≤*DRCM*＜3.5	1.5≤*DRCM*＜2.5	*DRCM*＜1.5

2)当采用电通量划分混凝土抗氯离子渗透性能等级时，应符合表 7.2.5-3 的规定，且混凝土测试龄期宜为 28d。当混凝土中水泥混合材与矿物掺合料之和超过胶凝材料用量的 50％时，测试龄期可为 56d。

表 7.2.5-3 混凝土抗氯离子渗透性能的等级划分(电通量法)

等级	Q－Ⅰ	Q－Ⅱ	Q－Ⅲ	Q－Ⅳ	Q－Ⅴ
电通量 Q_s(C)	Q_s≥4000	2000≤Q_s＜4000	1000≤Q_s＜2000	500≤Q_s＜1000	Q_s＜500

(3)混凝土抗碳化性能的等级划分应符合表7.2.5-4的规定。

表7.2.5-4 混凝土抗碳化性能的等级划分

等级	T－Ⅰ	T－Ⅱ	T－Ⅲ	T－Ⅳ	T－Ⅴ
碳化深度 d(mm)	$d \geqslant 30$	$20 \leqslant d < 30$	$10 \leqslant d < 20$	$0.1 \leqslant d < 10$	$d < 0.1$

(4)混凝土早期抗裂性能的等级划分应符合表7.2.5-5的规定。

表7.2.5-5 混凝土早期抗裂性能的等级划分

等级	L－Ⅰ	L－Ⅱ	L－Ⅲ	L－Ⅳ	L－Ⅴ
单位面积上的总开裂面积 c (mm^2/m^2)	$c \geqslant 1000$	$700 \leqslant c < 1000$	$400 \leqslant c < 700$	$100 \leqslant c < 400$	$c < 100$

(5)混凝土耐久性检验项目的试验方法应符合现行国家标准《普通混凝土长期性能和耐久性能试验方法标准》GB/T 50082的规定。

本条中的耐候结构钢须符合现行国家标准《耐候结构钢》GB/T 4171的要求;耐候型防腐涂料须符合现行行业标准《建筑用钢结构防腐涂料》JG/T 224中Ⅱ型面漆和长效型底漆的要求。

【具体评价方式】

本条仅适用于所有混凝土结构和钢结构的医院建筑设计阶段、运行阶段评价。6层及以下的且设计年限小于50年的混凝土结构不参评,混凝土结构及钢结构以外的结构体系可不参评。

设计阶段评价:审核建筑施工图设计说明、结构施工图设计说明、高耐久性建筑结构材料使用情况说明。

运行阶段评价:审核建筑竣工图设计说明、结构竣工图设计说明、高耐久性建筑结构材料使用情况说明、高耐久性建筑结构材料检测报告、工程材料决算清单。

7.2.6 室内装修材料的选择要求坚固、结实、耐用。内隔墙面材、门垭口、门和墙柱阳角的面材可抵抗水平冲击的破坏。墙面、地面、顶棚等部位应使用易清洁、耐擦洗建筑材料。本条评价总分值为10分，并应按表7.2.6的规则评分。

表7.2.6　室内装修材料的评分要求

<table>
<tr><th colspan="2">评价内容</th><th>得分</th></tr>
<tr><td>内墙涂料</td><td>洗刷次数≥5000次</td><td rowspan="4">符合1项要求得6分，2项得8分，3项及以上得10分</td></tr>
<tr><td>地面材料</td><td>陶瓷砖：破坏强度≥400N，耐污性2级；
橡胶地板：耐污性、耐磨性满足现行国家标准《硫化橡胶或热塑性橡胶耐磨性能的测定》GB/T 9867要求；
PVC地板：满足欧洲标准EN660中耐磨性T级要求；
其他地面材料：应满足相应性能要求</td></tr>
<tr><td>内隔墙面材、门垭口、门和墙柱阳角的面材</td><td>耐冲击性好或增加防撞设施</td></tr>
<tr><td>墙面、地面、顶棚</td><td>易清洁、耐擦洗</td></tr>
</table>

【条文说明扩展】

本条主要关注医院建筑室内装修材料的耐久性要求，主要包括耐冲击性、耐磨性、耐擦洗性、易清洁性等。主要涉及内隔墙面材、门垭口、门和墙柱阳角面材、内墙涂料、地面材料及顶棚材料的选择，各类材料应符合评价表格的对应要求，提交相关说明/报告，并根据满足的项数获得相应的分数。

医院的室内装修设计要求简约明快，无大量纯装饰性构件，以达到易清洁、不易滋生细菌、不易积尘的目的。一般医疗用房的墙面、地面、顶棚、墙裙等部位，应选择易清洁、耐擦洗的建筑材料。如内墙涂料，应达到耐洗刷≥5000次；地板等地面材料应满足耐污性和耐磨性的要求。

针对医院环境中推床、轮椅及其他医疗设备在移动过程中易对内墙墙面磕碰，面材应具备一定的水平冲击承受能力，或对易磕碰内墙墙面、门垭口、门和墙柱阳角的面材，增加防撞设施进行防护，以防止面材脱落损坏，减少材料损耗。

【具体评价方式】

本条适用于各类医院建筑的设计阶段、运行阶段评价。

设计阶段评价：审核建筑施工图设计说明、装修施工图设计说明、装修做法表、室内装修材料耐久性说明。

运行阶段评价：审核建筑竣工图设计说明、装修竣工图设计说明、装修做法表、室内装修材料耐久性说明、内墙涂料及地面材料耐久性检测报告。

7.2.7 土建设计考虑装修需求，公共部位土建与装修工程一体化设计，不破坏和拆除已有的建筑构件及设施，避免重复装修及返工。本条评价总分值为10分，并应按表7.2.7的规则评分。

表7.2.7 公共部位土建与装修一体化设计的评分要求

评价内容	得分
走廊、大厅等土建与装修一体化设计	6
卫生间土建与装修一体化设计	4

【条文说明扩展】

土建工程与装修工程一体化设计是指土建设计与装修设计同步有序进行，即装修专业与土建的建筑、结构、给水排水、暖通、电气等各专业，共同完成从方案到施工图的工作，使土建与装修紧密结合，做到无缝对接。土建和装修一体化设计，要求对土建设计和装修设计统一协调，在土建设计时考虑装修设计需求，事先进行孔洞预留和装修面层固定件的预埋，避免在装修时对已有建筑构件打凿、穿孔。这样既可减少设计的反复，又可保证结构的安全，减少材料消耗，并降低装修成本。

考虑到当前医院建筑的建设现状，本条主要对医院建筑公共部位（走廊、大厅、卫生间及楼梯、中庭、车库等）土建与装修工程一体化设计进行评价。对于引导绿色医院建筑的建设而言，也同样鼓励特殊医疗工艺用房（磁共振诊断室、医疗放射治疗机房、净化机房、消毒供应中心、口腔科等）土建与装修一体化设计。医院建筑可通过项目管理对流程进行控制，组织土建、装修设计单位对土建和装修事先进行一体化设计，尽量避免返工，例如土建设计可根据装修的深化设计（如立面设计、照明设计及综合天花图），确定、调整隔墙的种类和位置，确定照明总电量、各专业管线标高等，避免返工；提前确定磁共振诊断室、医疗放射治疗机房大型设备选型和各部门的装修需求，便可在土建阶段加以考虑，做好预留，避免装修阶段的打凿、穿孔等，达到一体化设计施工的目的。

【具体评价方式】

本条适用于各类医院建筑的设计阶段、运行阶段评价。

设计阶段评价：审核建筑施工图设计图纸、装修施工图设计图纸。

运行阶段评价：审核建筑竣工图设计图纸、装修竣工图设计图纸。

7.2.8 医院建筑中可变换功能的室内空间采用可重复使用的隔断（墙）。本条评价总分值为5分，并应按表7.2.8的规则评分。

表7.2.8 可重复使用的隔断（墙）的评分要求

评价内容	得分
30%≤可重复使用的隔断（墙）使用比例＜50%	3
50%≤可重复使用的隔断（墙）使用比例＜80%	4
可重复使用的隔断（墙）使用比例≥80%	5

【条文说明扩展】

本条参考现行国家标准《绿色建筑评价标准》GB/T 50378—2014第7.2.4条，仅对医院建筑中具有可变化功能的办公区等空间提出相关要求。

对于医院建筑中常会进行改造，使用者经常发生变动，设备、布置等相应也会发生改变的区域，如采用灵活可变的室内空间布局，或采用可重复使用的隔断（墙），将避免空间布局改变带来的多次装修和废弃物产生。绿色医院建筑应在保证室内医疗活动不受影响的前提下，在办公区域等可变换功能空间中较多采用玻璃隔断、分段式可拆卸隔断（墙）等灵活隔断方式，以减少空间重新布置时重复装修对建筑构件的破坏，节约材料。

对于功能需求可以使用大空间的，如输液室等，鼓励采用无隔断的大空间平面设计。

本条评价中“可重复使用隔断（墙）比例”为实际采用的可重复使用隔断（墙）围合的建筑面积与医院建筑中可变换功能的室内空间面积的比值。

【具体评价方式】

本条适用于具有可变换功能空间的医院建筑设计阶段、运行阶段评价。

设计阶段评价：审核建筑施工图设计图纸（设计说明、平面图等）、装修施工图设计图纸（设计说明、平面图、做法表等）、可重复使用隔断（墙）比例计算书。

运行阶段评价：审核建筑竣工图设计图纸（设计说明、平面图等）、装修竣工图设计图纸（设计说明、平面图、做法表等）、可重复使用隔断（墙）比例计算书。

7.2.9 在保证安全和不污染环境的情况下，使用可再利用建筑材料、可再循环建筑材料，其质量之和不低于建筑材料总质量的10%。本条评价总分值为10分，并应按表7.2.9的规则评分。

表7.2.9 可再利用建筑材料、可再循环建筑材料的评分要求

评价内容	得分
10%≤可再利用建筑材料、可再循环建筑材料使用比例<15%	8
可再利用建筑材料、可再循环建筑材料使用比例≥15%	10

【条文说明扩展】

本条要求在选用可再循环材料和可再利用材料前应进行可行性分析，使得材料的选用满足安全性、功能性和经济性要求。

本条中的可再利用材料是指不改变物质形态可直接再利用的，或经过组合、修复后可直接再利用的回收材料，即基本不改变旧建筑材料或制品的原貌，仅对其进行适当清洁或修整等简单工序后经过性能检测合格，直接回用于建筑工程的建筑材料。可再利用建筑材料一般是指制品、部品或型材形式的建筑材料。

本条中的可再循环材料是指通过改变物质形态可实现循环利用的回收材料。如难以直接回用的钢筋、玻璃等，可以回炉再生产。主要包括金属材料（钢材、铜等）、玻璃、铝合金型材、石膏制品、木材。

有的建筑材料则既可以直接再利用又可以回炉后再循环利用，例如标准尺寸的钢结构型材等。

以上各类材料均可纳入本条“可再利用材料和可再循环材料用量”的统计范畴，但同种建材不重复计算。

【具体评价方式】

本条适用于各类医院建筑的设计阶段、运行阶段评价。

设计阶段评价：审核可再利用材料和可再循环材料使用比例计算书、材料概预算清单。

运行阶段评价：审核可再利用材料和可再循环材料使用比例计算书、材料决算清单。

7.2.10 在保证安全和性能的前提下，使用以废弃物为原料生产的建筑材料，其用量占同类建筑材料的比例不低于30%。本条评价总分值为5分，并应按表7.2.10的规则评分。

表7.2.10 以废弃物为原料生产的建筑材料的评分要求

评价内容	得分
至少使用一种及以上“以废弃物为原料生产的建筑材料”，其用量占同类建筑材料的比例需超过30%	5

【条文说明扩展】

废弃物是指在生产建设、日常生活和其他社会活动中产生的，在一定时间和空间范围内基本或者完全失去原有使用功能，无法直接回收和利用的排放物，主要包括建筑废弃物、工业废弃物和生活废弃物，可作为原材料用于生产建材产品。

需要重点强调的是本条并非指医院运行过程中产生的废弃物，而是医院建筑使用“以废弃物为原料生产的建筑材料”。此类材料是指在满足安全和使用性能的前提下，使用废弃物等作为原材料生产出的建筑材料，主要包括脱硫石膏制品、粉煤灰砌块、再生骨料混凝土等。

为保证废弃物使用量达到一定要求，本条规定建材中废弃物的掺量至少达到20%以上方可视为符合本条要求的“以废弃物为原料生产的建筑材料”。

【具体评价方式】

本条适用于各类医院建筑的运行阶段评价，设计阶段评价不参评。

运行阶段评价：审核建筑竣工图设计图纸、装修竣工图设计图纸（设计说明、材料做法表等）、废弃物使用比例计算书、以废弃物为原料生产的建筑材料检测报告、废弃物掺量证明文件（如废弃物建材资源综合利用认定证书等）。

7.2.11 制定施工节材方案，施工中将固体废弃物进行分类处理和回收利用，并落实节材措施。本条评价总分值为10分，并应按表7.2.11的规则评分。

表 7.2.11 施工节材的评分要求

评价内容	得分
编制施工阶段节材方案，并落实方案措施	5
编制废弃物回收利用方案，施工废弃物的回收率不小于80%	5

【条文说明扩展】

本条主要针对施工过程中的节材与材料资源利用提出相关要求，重点从两方面进行评价，一是节材方案及节材措施的落实，二是施工废弃物的回收利用方案及回收利用比例。

鼓励施工单位在施工组织设计中制订节材方案，在保证工程安全与质量、施工人员健康的前提下，根据工程的实际情况制定针对性的节材措施。

需要强调的是，本条针对的是医院建筑在施工过程中产生的固体废弃物的分类处理回用，而非医院运行过程中的医疗废弃物等。施工过程中，应最大限度利用建设用地内拆除的或其他渠道收集得到的旧建筑材料，以及建筑施工和场地清理时产生的废弃物等，节约原材料，减少废物，降低由于更新所需材料的生产及运输对环境的影响，同时留存相关废弃物回收利用记录。

【具体评价方式】

本条适用于各类医院建筑运行阶段评价，设计阶段评价不参评。

运行阶段评价：审核建筑/结构竣工图纸、施工节材方案、废弃物管理规划、施工现场废弃物回收利用记录、其他证明材料（混凝土用量结算清单、预拌混凝土进货单、工厂化加工钢筋用量结算清单、工厂化加工钢筋进货单，定型模板进货单或租赁合同，模板工程量清单等）。

7.2.12 采用以下任何一种资源消耗和环境影响小的建筑结构体系或建造方式。本条评价总分值为5分，并应按表7.2.12的规则评分。

表7.2.12 建筑结构体系或建造方式的评分要求

评价内容	得分
主体部位采用工业化建造方式	5
经结构体系节材优化及环境影响分析过的钢筋混凝土结构体系	5
钢框架结构体系	5

【条文说明扩展】

不同结构体系及建造方式对资源、能源耗用量及其对环境的冲击存在显著差异。本条在考虑目前医院建筑的建设现状的前提下，参考了现行国家标准《绿色建筑评价标准》GB/T 50378—2014中的得分项“7.2.2 对地基基础、结构体系、结构构件进行优化设计，达到节材效果”、“7.2.5 采用工业化生产的预制构件”，以及创新加分项“11.2.5 采用资源消耗少和环境影响小的建筑结构”的相关规定，对于医院建筑的建筑结构体系及建造方式进行了引导。

本条在评价时有以下三条得分途径：

(1)主体部位采用工业化建造方式，项目的工业化建造程度以预制构件用量比例为评价指标，比例不得低于15%，该指标的计算以工程量为计算基础，计算公式如下：

R_{PC}=［各类预制构件重量之和/建筑地上部分重量］×100%

公式分母中的建筑地上部分重量仅针对建筑地上主体的土建部分，不包含装饰面层、设备系统等。

(2)经结构体系节材优化及环境影响分析过的钢筋混凝土结构体系。申报方可通过对结构体系、结构构件、结构布置等进行优化并通过专项分析证实有节材效果，此种情况也可由专家判断是否满足本条要求。

(3)医院建筑采用钢框架结构体系，该体系具有开间大、易改造、布置灵活、结构构件截面小、重量轻、施工速度快、建造过程对环境影响小、钢材可循环利用等优点。医院功能不断完善，医疗技术日新月异，建筑空间必须具备调整和改变的能力，钢框架结构体系在综合指标上具有优势。

【具体评价方式】

本条适用于各类医院建筑的设计阶段、运行阶段评价。

设计阶段评价：审核结构施工图纸、预制构件用量比例计算书、结构体系优化报告。

运行阶段评价：审核结构竣工图纸、预制构件用量比例计算书、结构体系优化报告。

8 室内环境质量

8.1 控 制 项

8.1.1 医院建筑室内允许噪声级和医院建筑围护结构构件隔声性能应符合现行国家标准《民用建筑隔声设计规范》GB 50118 中的低限要求。

【条文说明扩展】

医院中各部门的室内允许噪声等级要求满足现行国家标准《民用建筑隔声设计规范》GB 50118 的最低要求，如表 8.1.1-1 所示。对洁净手术部等有特殊规范的房间，按要求执行现行国家标准《医院洁净手术部建筑技术规范》GB 50333 的标准规定，如表 8.1.1-2 所示。

病房、诊疗室的围护结构的空气隔声性能和撞击声隔声性能应满足现行国家标准《民用建筑隔声设计规范》GB 50118 的规定，如表 8.1.1-3 及表 8.1.1-4 所示。

常见医院建筑围护结构构造的隔声性能标准可参考表 8.1.1-5。

表 8.1.1-1 医院建筑室内噪声标准值

房间名称	允许噪声级(A 声级)(dB)	
	昼间	夜间
病房、医护人员休息室	≤45	≤40
各类重症监护室	≤45	≤40
诊室	≤40	≤45
手术室、分娩室	≤40	≤45
洁净手术室	—	≤50

续表 8.1.1-1

房间名称	允许噪声级(A声级)(dB)	
	昼间	夜间
人工生殖中心净化区	—	≤40
听力测听室	—	≤25
化验室、分析实验室	—	≤40
入口大厅、候诊室	≤50	≤55

注:表中听力测听室允许噪声等级的数值,适用于采用纯音气导和骨导听阈测听法的听力测听室。采用声场测听法的听力测听室的允许噪声级另有规定。

表 8.1.1-2　洁净手术部用房噪声标准值

房间名称	允许噪声级(A声级)(dB)
特别洁净手术室、特殊试验室	≤52
标准洁净手术室	≤50
一般洁净手术室	≤50
准洁净手术室	≤50
体外循环管住专用准备室	≤60
无菌敷料、器械、一次性物品室和紧密仪器存放室	≤60
护士站	≤60
准备室(消毒处理)	≤60
预麻醉室	≤55
刷手间	≤55
洁净走廊	≤52
更衣室	≤60
恢复室	≤50
洁净走廊	≤55

表 8.1.1-3　医院建筑隔墙、楼板的空气声隔声标准

构件名称	计权隔声量(底限标准)(dB)
病房与产生噪声的房间之间的隔墙、楼板	>50
手术室与产生噪声的房间之间的隔墙、楼板	>45
病房之间及病房、手术室与普通房间之间的隔墙、楼板	>45
诊室之间的隔墙、楼板	>40
听力测听室的隔墙、楼板	>50
体外震波碎石室、核磁共振室的隔墙、楼板	>50

表 8.1.1-4　医院建筑相邻房间之间的空气声隔声标准

构件名称	计权标准化声压级差(底限标准)(dB)
病房与产生噪声的房间之间	≥50
手术室与产生噪声的房间之间的隔墙、楼板	≥45
病房之间及病房、手术室与普通房间之间	≥45
诊室之间	≥40
听力测听室与毗邻房间之间	≥50
体外震波碎石室、核磁共振室与毗邻房间之间	≥50

表 8.1.1-5　常见围护结构构造的隔声性能

构件	R_w(dB)
240 砖墙，两面 20 mm 抹灰	54
120 砖墙，两面 20 mm 抹灰	48
100 mm 厚现浇钢筋混凝土墙板	48
180mm 厚现浇钢筋混凝土墙板	52
290mm 厚水泥空心砌块，两面 20mm 抹灰	54

续表 8.1.1-5

构　件	R_w(dB)
290mm 厚水泥空心砌块，两面 20mm 抹灰	49
75mm 轻钢龙骨双面双层 12mm 纸面石膏板墙，内填玻璃棉或岩棉	50～53
75mm 轻钢龙骨双面双层，12mm 纸面石膏板墙	42～44

【具体评价方式】

本条适用于各类医院建筑的设计阶段、运行阶段评价。

设计阶段评价：审核室内背景噪声的设计及计算说明（含风口、风机盘管、空调、照明电器、控制器等室内机电设备噪声的影响）、建筑施工图设计说明及计算书、围护结构做法详图。

运行阶段评价：审核室内背景噪声的设计及计算说明（含风口、风机盘管、空调、照明电器、控制器等室内机电设备噪声的影响）、由具有相关资质的第三方检测机构出具的现场检测报告、建筑竣工图设计说明及计算书、围护结构做法详图和具有资质的第三方检测机构提供的围护结构构件隔声性能报告。

上述材料或相应分析报告核查时应重点关注以下内容：

(1)室内噪声源的位置、性质。

(2)室内空间平面布置情况。

(3)围护结构的隔声性能及综合性能。

(4)必要的专项声环境设计资料(可选)。

(5)应根据围护结构的构造，审查外墙、楼板、分户墙、户门和外窗的空气声计权隔声量以及楼板的计权标准化撞击声压级。

(6)要特别审查医院各房间分户墙和户门的隔声性能是否达标。

(7)必要情况下，要根据周边环境的噪声评价标准（参考环评），判断周边的噪声水平，再判断围护结构的隔声性能是否可以保证室内的噪声水平达到要求。

8.1.2 建筑室内照度、统一眩光值和一般显色指数等指标应符合现行国家标准《建筑照明设计标准》GB 50034 和《综合医院建筑设计规范》GB 51039 的有关规定。

【条文说明扩展】

医院建筑各区域的照度、统一眩光值、一般显色指数等指标应满足国家标准《建筑照明设计标准》GB 50034 的要求，如表 8.1.2-1 所示。洁净手术部等有特殊照度要求的房间，按要求执行现行国家标准《医院洁净手术部建筑技术规范》GB 50333 的标准规定，如表 8.1.2-2 所示。护理单元走道和病房应设夜间照明，床头部位照度不应大于 0.1lx，儿科病房不应大于 1lx。

表 8.1.2-1 医院建筑照明标准

房间或场所	参考平面及其高度	照度标准值(lx)	UGR	Ra
治疗室	0.75 m 水平面	300	19	80
化验室	0.75 m 水平面	500	19	80
手术室	0.75 m 水平面	750	19	90
诊室	0.75 m 水平面	300	19	80
候诊室	0.75 m 水平面	200	22	80
病房	地面	100	19	80
护士站	0.75 m 水平面	300	19	80
药房	0.75 m 水平面	500	19	80
重症监护(ICU)	0.75 m 水平面	500	19	90

表 8.1.2-2 洁净手术部用房照度标准

房间名称	照度标准值 (lx)
特别洁净手术室 特殊试验室	≥350
标准洁净手术室	≥350
一般洁净手术室	≥350

续表 8.1.2-2

房间名称	照度标准值（lx）
准洁净手术室	≥350
体外循环管住专用准备室	≥150
无菌敷料、器械、一次性物品室和紧密仪器存放室	≥150
护士站	≥150
准备室（消毒处理）	≥150
预麻醉室	≥150
刷手间	≥150
洁净走廊	≥150
更衣室	≥200
恢复室	≥200
洁净走廊	≥150

【具体评价方式】

本条适用于各类医院建筑的设计阶段、运行阶段评价。

设计阶段评价：审核电气照明设计施工图设计说明及计算书、照明产品性能说明。

运行阶段评价：审核电气照明设计竣工图设计说明及计算书、照明产品性能说明、由具有资质的第三方检测机构提供的室内照明质量检测报告。

8.1.3 在室内设计温、湿度条件下，建筑围护结构内表面应无结露、发霉现象。

【条文说明扩展】

严格按照北京市节能（或热工）图集进行外墙、屋顶、楼板的节点设计，设计图纸中对于图集的引用合理、准确，对于特殊的热桥部位(图集中未涵盖的)需在设计图纸中单独绘出节点大样图。

【具体评价方式】

本条适用于各类医院建筑的设计阶段、运行阶段评价。

设计阶段评价:审核由设计单位提供的建筑施工图设计说明、建筑围护结构的热工计算书、防结露措施构造做法详图及防结露计算书。

运行阶段评价:审核提交由施工单位提供的建筑竣工图设计说明、建筑围护结构的热工计算书、防结露措施构造做法详图及防结露计算书。

本条评价时重点关注以下内容:

(1)基于民用热工标准,提供是否结露的计算说明书,审核施(竣)工图图纸细部构造内容。审查围护结构中窗过梁、圈梁、钢筋混凝土抗震柱、钢筋混凝土剪力墙、梁、柱等部位的保温隔热是否得当。

(2)空调箱、新风系统参数的合理性。冷机、空调箱、新风系统参数是否可以满足设计工况的除湿要求。

(3)对于采用辐射型空调的建筑,其末端是否有可靠的防结露控制措施。为防止辐射型空调末端如辐射吊顶产生结露,需密切注意水温的控制,使送入室内的新风具有消除室内湿负荷的能力,或者配有除湿机。

8.1.4 采用集中供暖空调的医院建筑,房间室内温度、相对湿度、风速等参数应符合现行国家标准《综合医院建筑设计规范》GB 51039 的有关规定。

【条文说明扩展】

房间的温度、湿度、风速等设计参数、特殊空间(高大空间)的暖通空调设计图纸应有专门的气流组织设计说明,末端风口设计应有充分的依据,必要的时候应提供相应的模拟分析优化报告。

【具体评价方式】

本条适用于设有集中空调的医院建筑的设计阶段、运行阶段评价。无集中空调的医院建筑可不参评。

设计阶段评价：审核由设计单位提供的暖通施工图设计说明、特殊空间气流组织设计说明。

运行阶段评价：审核由施工单位提供的暖通竣工图设计说明、特殊空间气流组织设计说明、由物业等单位提供的建筑房间室内参数运行记录数据或由第三方检测机构出具的各参数检测报告。

本条评价时重点关注以下内容：

(1)建筑功能房间及占总面积的比例，以及暖通空调设计说明中是否完全涵盖，设计参数的选择是否得当。

(2)末端设备表、产品清单、设备招投标文件与设计说明是否一致。

(3)特殊空间(高大空间)必要时提供相关的模拟分析报告。

8.1.5 医院建筑内所有人员长期停留的场所应有保障各房间新风量的通风措施。新风量应能调节，并应符合现行国家标准《综合医院建筑设计规范》GB 51039 的有关规定。

【条文说明扩展】

医院建筑主要房间人员所需的最小新风量，应根据建筑类型和功能要求，参考现行国家标准《公共建筑节能设计标准》GB 50189、《综合医院建筑设计规范》GB 51039 和《室内空气质量标准》GB/T 18883 等标准规范文件确定。

洁净手术部等有特殊照度要求的房间，按要求执行国家行业标准《医院洁净手术部建筑技术规范》GB 50333 的标准规定，如表 8.1.5 所示。

本条要求区分建筑不同功能空间要求，在暖通空调设计说明中明确人均新风量。对于国家标准中没有明确的功能房间，新风量的设计要有充分的依据。

表 8.1.5　洁净手术部用房设计新风量

房间名称	新风量[$m^3/(h \cdot P)$]
特别洁净手术室 特殊试验室	60
标准洁净手术室	60
一般洁净手术室	60
准洁净手术室	60
无菌敷料、器械、一次性物品室和紧密仪器存放室	60
护士站	30
准备室(消毒处理)	60

【具体评价方式】

本条适用于各类医院建筑的设计阶段、运行阶段评价。

设计阶段评价:审核由设计单位提供的暖通施工图设计说明。

运行阶段评价:审核由施工单位提供的暖通竣工图设计说明，由建设监理单位及相关管理部门提供的设备系统的运行调试竣工验收记录(包括新风量测试)、运行检测记录。

本条评价时主要关注以下内容:

(1)由设计单位提供的暖通施(竣)工图设计说明。

(2)新风机组设计及风管配置。

(3)由建设监理单位及相关管理部门提供的设备系统的运行调试竣工验收记录(包括新风量测试)、运行检测记录,给出通过进场验收的空调机组新风量额定值。

8.1.6　室内游离甲醛、苯、氨、氡和总挥发性有机物污染物浓度符合现行国家标准《室内空气质量标准》GB/T 18883 的有关规定。

【条文说明扩展】

本条要求选用有害物质含量符合国家相关标准的建筑材料。室内设施如家具等的选取应确保其污染较小。室内甲醛、苯、氨、氡和 TVOC 等空气污染物浓度应满足表 8.1.6 中的限值要求。

表 8.1.6 室内环境污染物浓度限量

污染物(单位)	浓度限值
甲醛(mg/m^3)	≤0.12
苯(mg/m^3)	≤0.09
氨(mg/m^3)	≤0.5
氡(Bq/m^3)	≤400
TVOC(mg/m^3)	≤0.6

注:本表摘自《民用建筑工程室内环境污染控制规范》GB 50325—2010。

【具体评价方式】

本条适用于各类医院建筑的运行阶段评价,设计阶段评价不参评。

运行阶段评价:审核由第三方检测机构出具的室内空气污染物浓度检测报告。

本条评价时应注意不同污染源的叠加效应,评价时以各污染源综合影响下室内最终的污染物浓度作为判据。

8.1.7 医院导向标识设计应具有科学性,并应考虑人性化因素。

【条文说明扩展】

导向标识系统能满足基本导向功能外,能以人性化的设计满足患者生理和心理需要。绿色医院建筑应设置系统化、标准化的引路图纸图标,在挂号大厅、各关键交通枢纽处(如电梯、楼梯间),出入口处设计布置各科室引路标志图标。

【具体评价方式】

本条适用于各类医院建筑的设计阶段、运行阶段评价。

设计阶段评价:审核导向标识设计图纸和相关材料。

运行阶段评价:审核导向标识设计图纸和相关材料并进行现场考核。

8.2 评 分 项

8.2.1 主要功能房间的室内噪声级符合现行国家标准《民用建筑

隔声设计规范》GB 50118 的高要求标准。本条评价总分值为 10 分，并应按表 8.2.1 的规则评分。

表 8.2.1 主要功能房间的室内噪声级的评分要求

评价内容	得分
主要功能房间的室内噪声级满足现行国家标准《民用建筑隔声设计规范》GB 50118 中的高要求标准	10

【条文说明扩展】

医院中各部门的室内允许噪声等级要求满足现行国家标准《民用建筑隔声设计规范》GB 50118 的最高要求，如表 8.2.1-1 所示。

表 8.2.1-1 医院建筑室内噪声标准值

房间名称	允许噪声级(A 声级)(dB)	
	昼间	夜间
病房、医护人员休息室	≤40	≤35[1]
各类重症监护室	≤40	≤35
诊室	≤40	≤45
手术室、分娩室	≤40	≤45
洁净手术室	—	≤50
人工生殖中心净化区	—	≤40
听力测听室	—	≤25[2]
化验室、分析实验室	—	≤40
入口大厅、候诊室	≤50	≤55

注：1 对特殊要求的病房，室内允许噪声级小于或等于 30dB。

2 表中听力测听室允许噪声等级的数值，适用于采用纯音气导和骨导听阈测听法的听力测听室。采用声场测听法的听力测听室的允许噪声级另有规定。

【具体评价方式】

本条适用于各类医院建筑的设计阶段、运行阶段评价。

设计阶段评价：审核由设计单位提供的室内背景噪声的设计、

计算说明(含风口、风机盘管、空调、照明电器、控制器等室内机电设备噪声的影响)等。

运行阶段评价:审核由施工单位提供的室内背景噪声的设计、计算说明(含风口、风机盘管、空调、照明电器、控制器等室内机电设备噪声的影响)等,由具有相关资质的第三方检测机构出具的检测报告。

本条主要关注以下内容:

(1)室内噪声源的位置、性质。

(2)室内空间平面布置情况。

(3)围护结构的隔声性能及综合性能。

(4)必要的专项声环境设计资料(可选)。

8.2.2 主要功能房间的隔墙、楼板、门窗的隔声性能符合现行国家标准《民用建筑隔声设计规范》GB 50118 中的高要求标准。本条评价总分值为 10 分,并应按表 8.2.2 的规则评分。

表 8.2.2 主要功能房间的隔墙、楼板、门窗的隔声性能的评分要求

评价内容	得分
主要功能房间的隔墙、楼板、门窗的隔声性能满足现行国家标准《民用建筑隔声设计规范》GB 50118 中的高要求标准	10

【条文说明扩展】

病房、诊疗室的围护结构的空气隔声性能和撞击声隔声性能应满足现行国家标准《民用建筑隔声设计规范》GB 50118 的最高要求标准,如表 8.2.2-1 及表 8.2.2-2 所示。

表 8.2.2-1 医院建筑隔墙、楼板的空气声隔声标准

构件名称	计权隔声量(高要求标准)(dB)
病房与产生噪声的房间之间的隔墙、楼板	>55
手术室与产生噪声的房间之间的隔墙、楼板	>50
病房之间及病房、手术室与普通房间之间的隔墙、楼板	>50
诊室之间的隔墙、楼板	>45

续表 8.2.2-1

构件名称	计权隔声量(高要求标准)(dB)
听力测听室的隔墙、楼板	—
体外震波碎石室、核磁共振室的隔墙、楼板	—

表 8.2.2-2　医院建筑相邻房间之间的空气声隔声标准

构件名称	计权标准化声压级差(dB)
病房与产生噪声的房间之间	≥55
手术室与产生噪声的房间之间的隔墙、楼板	≥50
病房之间及病房、手术室与普通房间之间	≥50
诊室之间	≥45
听力测听室与毗邻房间之间	—
体外震波碎石室、核磁共振室与毗邻房间之间	—

【具体评价方式】

本条适用于各类医院建筑的设计阶段、运行阶段评价。

设计阶段评价：审核由设计单位提供的建筑施工图设计说明、计算书，围护结构做法详图。

运行阶段评价：审核由施工单位提供的建筑竣工图设计说明、计算书，围护结构做法详图和具有资质的第三方检测机构提供的围护结构构件隔声性能报告。

本条重点关注以下内容：

(1)应根据围护结构的构造，审查外墙、楼板、分户墙、户门和外窗的空气声计权隔声量以及楼板的计权标准化撞击声压级。

(2)要特别审查医院各房间分户墙和户门的隔声性能是否达标。

(3)必要情况下，要根据周边环境的噪声评价标准(参考环评)，判断周边的噪声水平，再判断围护结构的隔声性能是否可以保证室内的噪声水平达到要求。

8.2.3　医院建筑的采光系数标准值符合现行国家标准《建筑采光

设计标准》GB 50033的有关规定。本条评价总分值为6分，并应按表8.2.3的规则评分。

表8.2.3 主要功能空间采光系数的评分要求

评价内容	得分
60%以上主要功能空间采光系数满足国家标准，采光均匀度好，眩光限制满足相关规范要求	2
70%以上主要功能空间采光系数满足国家标准，采光均匀度好，眩光限制满足相关规范要求	4
80%以上主要功能空间采光系数满足国家标准，采光均匀度好，眩光限制满足相关规范要求	6

【条文说明扩展】

主要功能空间是指除走廊、核心筒、卫生间、电梯间、特殊功能房间等之外的主要使用空间。主要功能空间室内采光系数满足现行国家标准《建筑采光设计标准》GB/T 50033中第3.2.6条的要求，如表8.2.3-1所示。

表8.2.3-1 医院建筑采光系数标准值

采光等级	房间名称	侧面采光		顶部采光	
		采光系数最低值 C_{min}（%）	室内天然光临界照度（lx）	采光系数平均值 C_{av}（%）	室内天然光临界照度（lx）
Ⅲ	房间名称	2	100	—	—
Ⅳ	诊室、药房、化疗室、化验室	1	50	1.5	75
Ⅴ	候诊室、挂号处、综合大厅、病房、医生办公室（护士室）	0.5	25	—	—

【具体评价方式】

本条适用于各类医院建筑的设计阶段、运行阶段评价。

设计阶段评价:审核由设计单位或第三方提供的自然采光模拟计算报告。

运行阶段评价:审核由设计单位或第三方提供的自然采光模拟计算报告,由具有资质的第三方检测机构出具的采光系数检测报告。

本条主要关注以下内容:

(1)自然采光模拟计算报告中应含有对采光系数、满足标准要求面积比例两项指标的计算说明。

(2)窗地比是否满足要求,要求按照不同功能空间进行分别统计。

(3)模拟分析报告的可靠性,与设计图纸的一致性。

8.2.4 病房、诊室等房间可获得良好的室外景观。本条评价总分值为8分,并应按表8.2.4的规则评分。

表8.2.4 病房、诊室等房间可获得良好的室外景观比例的评分要求

评价内容	得分
75%的病房、诊室等房间可获得良好的室外景观	4
90%的病房、诊室等房间可获得良好的室外景观	8

【条文说明扩展】

鼓励病房、诊室等重要功能房间的设计合理考虑室外景观的可欣赏性,给病人创造良好的康复环境。本条允许病房和诊室的比例计算判断是否得分。鼓励优先考虑病房可获得良好室外景观。

【具体评价方式】

本条适用于各类医院建筑的设计阶段、运行阶段评价。

设计阶段评价:审核设计图纸和视野分析计算报告。

运行阶段评价:审核设计图纸和视野分析计算报告并进行现场核查。

8.2.5 采用合理措施，改善室内或地下空间的自然采光效果。本条评价总分值为8分，并应按表8.2.5的规则评分。

表8.2.5 室内或地下空间的自然采光效果的评分要求

评价内容	得分
通过合理建筑设计或采用反光板、散光板、集光导光设备等措施改善室内空间采光效果，75%的室内空间采光系数≥2%	4
通过合理建筑设计或采用采光井、反光板、集光导光设备等措施改善地下空间自然采光，地下空间采光系数≥0.5%的面积达到首层地下室面积的5%	4

【条文说明扩展】

本条的主要意义在于改善室内或地下室自然采光并防止眩光。改善室内采光的措施如：反光板、棱镜玻璃窗、导光管、光纤等。改善地下室采光的常见措施有采光井、反光板、集光导光设备等。

【具体评价方式】

本条适用于各类医院建筑的设计阶段、运行阶段评价。

设计阶段评价：审核由设计单位或第三方提供的自然采光模拟计算报告、采光设计文件。

运行阶段评价：审核由设计单位或第三方提供的自然采光模拟计算报告、采光设计文件，由具有资质的第三方检测机构出具的检测报告。

本条评审时应重点关注以下内容：

(1)自然采光模拟计算报告、采光设计文件中应含有实施措施效果的详细说明及对室内主要功能房间、地下室自然采光效果的定量分析。

(2)保障75%的室内空间采光系数大于2%。

(3)有防眩光措施。

(4)是否采用采光井、反光板、集光导光设备等措施改善地下空间自然采光。

(5)合理采用以上等措施,达到改善室内或地下空间的自然采光效果即为达标。

8.2.6 合理设计各种被动措施、主动措施,加强室内热环境的可控性。本条评价总分值为10分,并应按表8.2.6的规则评分。

表8.2.6 加强室内热环境的可控性措施的评分要求

评价内容	得分
主要功能房间如病房、诊室的使用者可通过开窗、遮阳等被动式措施,自主调整室内局部热环境	5
主要功能房间如病房、诊室的使用者可对空调采暖末端进行自主调节	5

【条文说明扩展】

75%及以上的主要功能房间即病房、诊室以及会议室和休憩空间等(不包括精神病院患者房间以及其他特殊需要不能开窗的房间)能调节室内热环境。调节室内热环境的措施可分为主动措施和被动措施两类。主动措施包括:方便、灵活的空调开关、温度、风速调节开关。被动措施包括:利用窗帘、可开启外窗等方式。

【具体评价方式】

本条适用于各类医院建筑的设计阶段、运行阶段评价。

设计阶段评价:审核由设计单位提供的建筑施工图设计说明以及暖通施工图。

运行阶段评价:审核由施工单位提供的建筑竣工图以及暖通竣工图。

本条重点关注的内容为:

(1)平面布局、建筑朝向、建筑开窗位置、朝向和大小及相对关系,以及是否有利于专门辅助自然通风的构造、措施。

(2)建筑开窗是否有可调节遮阳设备。

(3)暖通施(竣)工图设计说明中应含有对可调空调末端独立开启、调节、关闭等功能的详细说明。

(4)不良的空调末端设计包括不可调节的全空气系统、没有配除湿系统的辐射吊顶等。

(5)建筑内主要功能房间应设有空调末端,空调末端应设有独立开启装置,温湿度可独立调节。

8.2.7 采取可调节遮阳措施,降低夏季太阳辐射得热。本条评价总分值为8分,并应按表8.2.7的规则评分。

表8.2.7 可调节遮阳措施的面积比例的评分要求

评价内容	得分
外窗和幕墙透明部分中,有可控遮阳调节措施的面积比例达到25%	3
外窗和幕墙透明部分中,有可控遮阳调节措施的面积比例达到50%	8

【条文说明扩展】

满足以下其中任意两项,本条即判为合格:南向采用外遮阳、东、西向采用可调节外遮阳、外遮阳与建筑一体化。

评价时主要考虑如下因素:是否可有效控制、避免直射阳光;是否可以有效降低空调负荷,并能满足冬、夏季节的不同需求;产品的安全、可靠和耐久性,与建筑立面美学的协调统一。

建筑师在方案设计时就将可调节外遮阳考虑进去,可结合建筑的外立面造型采取合理的外遮阳措施,形成整体有效的外遮阳系统。在建筑的东西立面、透明屋顶或阳台部位采用可调节外遮阳,效果更好。

【具体评价方式】

本条适用于各类医院建筑的设计阶段、运行阶段评价。

设计阶段评价:审核由设计单位提供的建筑施工图设计说明、遮阳装置设计图纸、遮阳系统设计说明、建筑外遮阳系数计算报告(冬、夏季分别计算)。

运行阶段评价:审核由施工单位提供的建筑竣工图设计说明、遮阳装置竣工图纸、遮阳系统设计说明、建筑外遮阳系数计算报告(冬、夏季分别计算)、招投标文件和采购合同,并进行现场核实。

8.2.8 集中空调系统和风机盘管机组回风口,采用低阻力、高效率的净化过滤设备。本条评价总分值为6分,并应按表8.2.8的规则评分。

表8.2.8 净化过滤设备的评分要求

评价内容	得分
集中空调系统回风口采用低阻力、高效率的净化过滤设备	3
风机盘管机组回风口采用低阻力、高效率的净化过滤设备	3

【条文说明扩展】

医院建筑空调系统和风机盘管机组的回风口的净化过滤器的要求:空气净化装置初阻力不应大于20Pa、滤菌效率不小于90%、除尘重效率不小于95%。

【具体评价方式】

本条适用于各类医院建筑的设计阶段、运行阶段评价。

设计阶段评价:审核由设计单位提供的暖通空调设计图纸。

运行阶段评价:审核由施工单位提供的暖通空调竣工图纸,并进行现场核查。

8.2.9 对医疗过程产生的废气设置可靠的排放系统。本条评价总分值为5分,并应按表8.2.9的规则评分。

表8.2.9 废气排放系统设置的评分要求

评价内容	得分
医用真空汇设置细菌过滤器或采取其他灭菌消毒措施,排气口排出的气体不影响其他人员工作和生活区域	5

【条文说明扩展】

对医疗过程产生的废气设置可靠的排放系统,主要是为了避免出现医疗废气污染,对医护人员和病患产生不利影响。例如,随着现代医疗技术的发展，手术中大量应用吸入麻醉药物，若麻醉废气排放不佳，极易引起麻醉废气污染，对医护人员的心理和身体健康带来危害，同时还可能引起接台手术病人的交叉感染。对于已经排放的废气不应再次进入室内造成环境污染，应采取合理措施避免。

【具体评价方式】

本条适用于各类医院建筑的设计阶段、运行阶段评价。

设计阶段评价：审核设计图纸。

运行阶段评价：审核相关设计图纸、相关监测报告并进行现场核查。

8.2.10 新风系统过滤净化设施的设置符合现行国家有关医院建筑设计规范的要求。本条评价总分值为6分，并应按表8.2.10的规则评分。

表8.2.10 新风系统过滤净化设施设置的评分要求

评价内容	得分
新风系统过滤净化设施的设置符合现行国家有关医院建筑设计规范的规定	6

【条文说明扩展】

新风系统的过滤净化设施应符合现行国家标准《综合医院建筑设计规范》GB 51039的相关要求。洁净手术部等有特殊规范的房间，按要求执行国家行业标准《医院洁净手术部建筑技术规范》GB 50333的标准规定。

【具体评价方式】

本条适用于各类医院建筑的设计阶段、运行阶段评价。

设计阶段评价：审核由设计单位提供的暖通空调设计图纸。

运行阶段评价：审核由施工单位提供的暖通空调竣工图纸，并进行现场核查。

8.2.11 门诊楼、住院楼中人员密度较高且随时间变化大的区域设置室内空气质量监控系统，并保证健康舒适的室内环境。本条评价总分值为7分，并应按表8.2.11的规则评分。

表 8.2.11 室内空气质量监控系统设置的评分要求

评价内容	得分
对室内的二氧化碳浓度进行数据采集、分析并与新风联动	3
实现对室内污染物浓度超标实时报警，并与新风系统联动	4

【条文说明扩展】

开展室内空气质量监控的目的是：预防和控制室内空气污染，保护人体健康。空气质量监控系统要求：①能够自动进行数据采集、分析；②浓度超标报警；③自动通风调节。

【具体评价方式】

本条适用于各类医院建筑的设计阶段、运行阶段评价。

设计阶段评价：审核由设计单位提供的暖通施工图设计说明、建筑智能化施工图设计说明。

运行阶段评价：审核由施工单位提供的暖通竣工图设计说明、建筑智能化竣工图设计说明，以及物业单位提供的系统运行记录。

8.2.12 医院平面布局实现就诊流程优化，显著减少人员拥堵或穿梭次数。本条评价总分值为 7 分，并应按表 8.2.12 的规则评分。

表 8.2.12 优化医院平面布局的评分要求

评价内容	得分
医院平面布局考虑就诊流程的优化	7

【条文说明扩展】

根据病人就诊流程，合理确定各功能区间的分布位置，才起引导分流、动静分区、增设楼层收费窗口等方法，减少人员拥堵或穿梭次数，避免交叉感染。

【具体评价方式】

本条适用于各类医院建筑的设计阶段、运行阶段评价。

设计阶段评价：审核相关设计施工图。

运行阶段评价：审核相关设计竣工图并进行现场核查。

8.2.13 医院设计中考虑人性化设计因素，公共场所设有专门的休憩空间，充分利用连廊、架空层、上人屋面等设置公共步行通道、公共活动空间、公共开放空间，并宜考虑全天候的使用需求。本条评价总分值为5分，并应按表8.2.13的规则评分。

表8.2.13 人性化设计的评分要求

评价内容	得分
公共场所设有专门的休憩空间	2
利用连廊、架空层、上人屋面等设置公共步行通道、公共活动空间、公共开放空间，考虑全天候的使用需求	3

【条文说明扩展】

医院设计中考虑人性化设计因素，并在公共场所设有专门的休憩空间，可以提高公共空间的人文关怀和亲切感。同时，提高建筑的利用效率，节约社会资源，节约土地，为人们提供更多的沟通和休闲的机会。

【具体评价方式】

本条适用于各类医院建筑的设计阶段、运行阶段评价。

设计阶段评价：审核相关设计施工图。

运行阶段评价：审核相关设计竣工图并进行现场核查。

8.2.14 医院建筑室内的色彩运用应充分考虑病人的心理和生理效应。本条评价总分值为4分，并应按表8.2.14的规则评分。

表8.2.14 医院建筑室内色彩运用的评分要求

评价内容	得分
医院建筑室内的色彩运用充分考虑病人的心理和生理效应	4

【条文说明扩展】

医院建筑中，除医疗的专用空间以外，一般大面积的色彩宜淡雅，适于高明度、低彩度的调和色，建筑群体色彩应统一协调形成基调。诊室则不能安装彩色玻璃窗和深色瓷砖，应避免投射光和反射光改变病人皮肤和体内组织器官的颜色，干扰医生的正确判断。

【具体评价方式】

本条适用于各类医院建筑的运行阶段评价,设计阶段评价不参评。

运行阶段评价:现场核查。

9 运行管理

9.1 控制项

9.1.1 医院应有完整的建筑设施和设备的档案资料和运行、维护记录。

【条文说明扩展】

医院的新建、扩建、改建工程必须按照国家住房和城乡建设部发布的《房屋建筑和市政基础设施工程竣工验收规定》(建质〔2013〕17号)进行验收。建设工程设计和合同约定的各项内容应全部完成,工程质量符合合同约定的标准,同时必须符合现行国家标准《建筑工程施工质量验收统一标准》GB 50300—2013的规定。其他专业工程的验收也必须符合各专业工程质量验收标准的规定。无论是单项工程还是建设项目,均应达到使用条件并满足医疗活动的要求。投入使用后,应有日常运行、维护的记录。无论是新建、扩建还是改建工程,必须在验收合格并且按照设计投入正常使用一年后才能参加评审。

【具体评价方式】

本条适用于各类医院建筑的运行阶段评价,设计阶段评价不参评。

运行阶段评价:审核《房屋建筑和市政基础设施工程竣工验收规定》所要求的文件、资料;《建筑工程施工质量验收统一标准》所要求的文件、资料。

9.1.2 对建筑设施和设备应进行日常维护和定期检测,并应保证饮用水、医疗用水、非传统水源、医用气体、暖通空调系统、污水处理、医疗废物管理、医疗废气排放、射线防护、室内环境质量达标。

【条文说明扩展】

为了保证医疗安全，国家制定了一系列涉及医院建筑运行的法律、法规，绿色医院建筑必须严格遵守，按照要求进行医院建筑设施、设备的日常维护、监测和定期检测。发现问题应及时采取措施整改，经检测合格后才能投入使用。除了法律、法规对医院建筑设施、设备的一般要求以外，许多医疗活动还对医院建筑设施、设备有特殊要求。这些特殊要求也必须加以遵守。国家规定的检测项目必须由具有检测资质的专业机构进行。国家没有强制规定的项目也应加强管理，按照专业规范和标准操作程序进行监测。

【具体评价方式】

本条适用于具有国家规定、需定期检测的设施、设备的医院建筑运行阶段评价。本条设计阶段不参评。

运行阶段评价：审核生活饮用水的卫生许可证、二次供水的水质检测报告、医疗用水的水质检测报告、暖通空调系统的检测报告、污水处理的排水许可证、水质检测报告、与具有合法资质的医疗废物处置机构签订的合同及安全转运联单、射线防护的辐射安全许可证、机房防护设施检查测试报告、锅炉的检测报告、电梯的检测报告。

9.1.3 应制定节地、节能、节水、节材、合理利用资源、保护室内外环境、减少健康危害的管理制度，并应采取措施贯彻执行。

【条文说明扩展】

管理制度的基本内容应包括：基本原则；组织领导；管理范围；责任分工；工作目标；行为规范；保障措施；监督检查；考核标准；奖惩规定等。

节地的管理制度应主要关注医院原有自然环境的保护和恢复；采取立体停车或院外停车的方式；保证室外休息区、绿地、水系、庭院、屋顶绿化等不受运行活动的干扰和侵占。

节能、节水的管理制度应主要关注建筑设施、设备的维护和调优;能源和水资源使用的计量方式;降低消耗的目标;技术和管理措施;行为方式的干预、奖惩措施等。

节材的管理制度应主要关注建筑设施、设备的维护以及改造过程中的材料使用,特别是日常耗材的使用。在保证运行需求的前提下,通过管理措施减少消耗。

合理利用资源的管理制度应主要关注医院建筑的资源消耗是否可持续。这里所说的可持续是指在不过分消耗自然资源或者造成严重生态危害的情况下保持医院的运行。可持续的医院应当是那些能够在一定的财政、社会和环境资源的范围内持续运行的医院,它所提供的高质量医疗服务不应以过度的自然资源消耗或严重的生态危害为代价。

保护室内外环境的管理制度主要关注有害化学品的使用;维护设备的噪声和排放控制;热岛效应;室内空气质量;禁止吸烟;感染控制;维护过程中的有害物质泄漏;自然和人工的光照控制等。

减少健康危害的管理制度主要关注医院内各种有害物质对患者、员工和来访者的影响;院内施工的影响;突发事件的应对。

【具体评价方式】

本条适用于各类医院建筑的运行阶段评价,设计阶段评价不参评。

运行阶段评价:审核节地、节能、节水、节材的管理制度、合理利用资源的管理制度、保护室内外环境的管理制度、减少健康危害的管理制度、员工对管理制度知晓情况的现场测评结果、与上述管理制度的制定、发布、执行、宣传贯彻相关的文字与图片记录、文件、报告、检查与考核结果、奖惩决定等。

9.2 评 分 项

9.2.1 加强组织领导,开展宣传和培训活动。本条评价总分值为10分,并应按表9.2.1的规则评分。

表 9.2.1 组织领导和宣传培训的评分要求

评价内容		得分
组织领导	有主管领导和牵头部门	1
	有工作规划和年度计划	1
	有考核标准	1
	开展监督检查并有记录	1
宣传培训	开展宣传活动并有记录	2
	进行岗位培训并有记录	2
	随机抽查员工知晓情况合格	2

【条文说明扩展】

除了建立健全管理制度之外，医院建筑的运行还需要从管理体制和运行机制两个方面来加以保障。通过有效的组织和领导不断推进工作，落实年度计划，实现规划目标。通过开展必要的宣传教育、技术培训促进员工加深对国家方针、政策、法律、法规的理解；增强医疗安全、保护环境、减少健康危害的意识；掌握履行本岗位的职责所需要的知识和技能。

【具体评价方式】

本条适用于各类医院建筑的运行阶段评价，设计阶段评价不参评。

运行阶段评价：审核有关运行管理组织结构、责任分工的文件、运行管理的工作规划和阶段评估报告、年度工作计划和总结、运行管理绩效的考核标准和考核结果、相关人员的岗位职责、开展教育和培训活动的资料、文字和图片记录；开展监督检查的文字和图片记录、员工对本岗位职责知晓情况的现场测评结果；员工对所需知识、技能掌握程度的现场测评结果。

9.2.2 获得管理体系认证。本条评价总分值为 10 分，并应按表 9.2.2 的规则评分。

表 9.2.2 管理体系认证的评分要求

评价内容		得分
管理体系认证	获得 ISO 14001 环境管理体系认证	4
	获得 ISO 9001 质量管理体系认证	3
	获得 GB/T 23331 能源管理体系认证	3

【条文说明扩展】

本条文所指的管理体系认证包括:《环境管理体系》ISO 14001、《质量管理体系》ISO 9001 和《能源管理体系》GB/T 23331。本条文的规定意在鼓励医院通过上述管理体系的认证推动运行管理水平的持续改进。上述管理体系既有联系又有不同的侧重,医院可以根据自身的情况获得其中一项或多项认证。

【具体评价方式】

本条适用于各类医院建筑的运行阶段评价,设计阶段评价不参评。

运行阶段评价:审核环境管理体系 ISO 14001 认证证书、质量管理体系 ISO 9001 认证证书、能源管理体系 GB/T 23331 认证证书。

9.2.3 保护原有自然环境,对基本建设和运行活动所破坏的自然环境加以修复。本条评价总分值为 6 分,并应按表 9.2.3 的规则评分。

表 9.2.3 保护原有自然环境的评分要求

评价内容		得分
绿地成活率	绿地成活率达 90%以上	3
环境保护	制定修复原有环境的措施,并加以落实	3

【条文说明扩展】

本条文所提及的绿地应符合《城市居住区规划设计规范》GB 50180—93(2002 年修订版)的规定,绿地率指标及其计算应按该规范执行。成活率应以现场核查的结果为准。除了绿地率和绿地成活率达标外，医院应采取保护原有自然环境的措施，有条件的医院可对已被破坏的、原有的动植物栖息地加以恢复。

【具体评价方式】

本条适用于各类医院建筑的运行阶段评价，设计阶段评价不参评。

运行阶段评价：审核绿化分析图（院区总图）、园林专业审查意见书、有关原有自然环境的文字、图纸、图片资料、保护原有自然环境的措施、对原有自然环境进行修复的案例报告、对绿地率、绿地成活率进行现场核查的结果。

9.2.4 室外休息区域设施完备，环境良好。本条评价总分值为4分，并应按表9.2.4的规则评分。

表9.2.4 室外休息区域设施和环境的评分要求

评价内容		得分
室外休息区	室外休息区大于申报项目使用面积的5%	2
	有与建筑邻近的、可以直接进入的庭院	2

【条文说明扩展】

室外休息区域是指患者、员工、来访者可以进入、距离建筑出入口60m以内、没有医疗干预活动、可以接触自然环境的开放空间。其中应有座椅、遮阳等设施；道路平整；景观怡人；禁止吸烟。

条文中的使用面积是指医院的总建筑面积剔除设备机房等非开放区域所占用的面积后，供患者、员工（设备维护人员除外）、来访者实际使用的面积。

【具体评价方式】

本条适用于各类医院建筑的运行阶段评价，设计阶段评价不参评。

运行阶段评价：审核绿化分析图（院区总图）、绿化平面布置图、医院总平面图、医院建筑平面图、对室外休息区进行现场核查的结果。

9.2.5 倡导绿色出行，对采取绿色出行方式的员工给予鼓励。本条评价总分值为10分，并应按表9.2.5的规则评分。

表9.2.5 绿色出行的评分要求

评价内容		得分
绿色出行	开设员工班车	2
	员工自驾比率低于50%	2
	员工自驾比率低于30%	4
	员工自驾比率低于20%	6
奖惩措施	对绿色出行的员工有鼓励措施	2

【条文说明扩展】

本实施指南的“场地优化与土地合理利用”部分，对医院建筑场地与公共交通之间的联系以及停车场所的设置已有规定，本条文关注的重点是医院内部员工的管理。除了按照上述规定执行之外，医院还应注意引导患者和来访者采用绿色出行方式，如搭乘公共交通、使用小排量、低油耗、新能源私家车等。

本条文员工自驾比率的计算应以编制内的实际员工数量为准。得分不采用累加的方法，例如：一所医院员工自驾比率为19%，应得6分，不是12分。

【具体评价方式】

本条适用于各类医院建筑的运行阶段评价，设计阶段评价不参评。

运行阶段评价：审核关于员工班车开设情况的说明（包括车型、线路、乘坐情况、经费支出等）、对员工班车进行现场核查的结果、关于员工自驾比率计算结果的说明（包括编制内员工的名册、确定是否自驾的依据、自驾员工的数量、计算方法和结果等）、对员工自驾比率进行现场核查的结果、关于倡导绿色出行的规定、决定、措施等文件资料。

9.2.6 根据功能需求制定科学、合理的设施、设备运行计划，并贯彻执行。本条评价总分值为5分，并应按表9.2.6的规则评分。

表 9.2.6　设施、设备运行计划的评分要求

评价内容		得分
运行计划	有切实可行的设施、设备运行计划	3
	每年对计划的执行情况进行考核	2

【条文说明扩展】

制定运行计划的目的是保证医疗质量和安全，减少能耗，降低污染，提高使用效率。运行计划涵盖的范围应包括：暖通空调、电力照明、楼宇自控、给水排水、消防系统、医用气体、垂直运输、物流系统、食品供应、被服洗涤、医疗废物等。运行计划的要点应包括：工作目标、内容、具体指标、程序、时限、考核标准、经费预算、奖惩措施等。

【具体评价方式】

本条适用于各类医院建筑的运行阶段评价，设计阶段评价不参评。

运行阶段评价：审核条文释义所列、医院实际运行的各个系统的运行计划；与贯彻执行运行计划有关的文字和图片记录、合同、支出凭据、检查与考核结果、奖惩决定等。

9.2.7　建筑智能化系统定位合理，网络功能完善，除满足医疗服务的需求之外，还能对设施、设备的运行情况进行监控。本条评价总分值为 5 分，并应按表 9.2.7 的规则评分。

表 9.2.7　建筑智能化系统的评分要求

评价内容		得分
统一管理	对建筑智能化系统和医院信息系统进行统一管理	1
功能完善	能够满足 HIS、LIS、PACS 系统的需要	2
实时监控	对设施、设备的运行进行实时监控	2

【条文说明扩展】

根据现行国家标准《智能建筑工程质量验收规范》GB

50339—2013的规定，建筑智能化系统包括：智能化系统集成、信息接入系统、用户电话交换系统、信息网络系统、综合布线系统、移动通信室内信号覆盖系统、卫星通信系统、有线电视及卫星电视接收系统、公共广播系统、会议系统、信息导引及发布系统、时钟系统、信息化应用系统、建筑设备监控系统、火灾自动报警系统、安全技术防范系统、应急响应系统、机房工程、防雷与接地19个子分部工程。

本条文关注的重点是医院的建筑智能化系统是否与医院的信息网络系统实现了统一规划、统一设计、统一管理和维护。是否满足医疗服务的需求。是否实现了对建筑设备的监控，对收集的数据进行统计分析并在管理实践中加以运用，提高设施、设备的运行效率，节约资源，降低排放。

【具体评价方式】

本条适用于各类医院建筑的运行阶段评价，设计阶段评价不参评。

运行阶段评价：审核条文释义所列的医院实际运行的各个子系统相关的规划、设计、施工和竣工验收文件；医院对于建筑智能化系统管理和维护模式的说明；建筑设备监控系统所收集的原始数据文档及统计分析报告；利用分析结果改善运行管理绩效的案例报告。

9.2.8 对能源、资源消耗进行计量、审计，实行绩效考核，有奖惩措施。本条评价总分值为20分，并应按表9.2.8的规则评分。

表9.2.8 能源、资源消耗计量、审计、考核的评分要求

评价内容		得分
计量	计量设施满足分级计量的需要	3
	计量数据完整、可追溯	3
审计	定期开展能源、资源审计，有分析报告	3
	运用审计结果指导日常管理	3

续表 9.2.8

评价内容		得分
绩效管理	有能源、资源消耗的绩效考核体系	3
	有基于绩效考核的奖惩措施	3
可再生能源利用	利用可再生能源	2

【条文说明扩展】

医院能源、资源消耗的计量应分级进行，落实到最小的管理单元。如果计量设备不支持，可采取分摊的方法。分摊方法应有充分依据，经论证较为科学、合理。医院应建立能源、资源管理的绩效考核体系，制定具体指标，采取奖惩措施控制能源和资源消耗的增长，鼓励使用可再生能源，如太阳能、风能、水能、生物质能、地热能等。

医院对能源、资源的审计包括：初步审计、全面审计和专项审计。全面能源审计应委托有资质的第三方进行。初步审计和专项审计可由医院的工程技术员和管理人员进行，没有能力的可委托第三方进行。应将审计结果纳入医院的绩效考核体系，促进运行管理的持续改进。

【具体评价方式】

本条适用于各类医院建筑的运行阶段评价，设计阶段评价不参评。

运行阶段评价：审核对医院能源、资源消耗分级计量或分摊方法的说明、医院能源、资源消耗分级计量或分摊的原始数据、能源、资源审计报告、利用能源、资源审计结果改进运行管理的文件或案例报告、能源、资源管理绩效考核方案(包括管理办法、具体指标、奖惩措施)、有关能源、资源管理绩效考核方案实施的文字和图片记录、考核结果、奖惩决定等、利用可再生能源的案例报告。

9.2.9 对设施、设备进行定期维护和必要的节能改造，提高效率。

本条评价总分值为4分，并应按表9.2.9的规则评分。

表9.2.9 设施、设备维护和节能改造的评分要求

评价内容		得分
定期维护	定期对设施、设备进行维护，有记录	1
节能改造	有设施、设备改造的案例	2
绿色产品使用	采用具有合法证明文件的绿色产品	1

【条文说明扩展】

对设施、设备的定期维护应满足三个方面的要求。一是国家法律、法规和技术规范的要求；二是制造商对设施、设备操作、使用和维护的要求；三是医院根据自身需求以及设施、设备的状况，为了保证医疗安全、提高运行效率，减少能源和资源消耗而制定的管理制度。医院应根据这些要求制定具体、详细的维护计划，明确规定时限，严格执行并做好相应的记录。

对于原有的高消耗、高污染的设施、设备，医院应随着技术的不断改进和节能减排新技术的出现有计划地进行升级改造，并且注意在运行、维护的过程中选用绿色产品，控制有害和污染物的排放。

【具体评价方式】

本条适用于各类医院建筑的运行阶段评价，设计阶段评价不参评。

运行阶段评价：审核设施及设备的使用手册或使用说明、标准操作程序、定期维护计划、定期维护记录、维护合同或费用支出凭证、对设施和设备进行节能减排改造的案例报告、设施和设备运行和改造所使用的绿色产品的证明文件。

9.2.10 对医院建筑运行中所使用的化学品严格加以管理，并避免对患者、员工、来访者以及周边社区造成健康危害。本条评价总分值为6分，并应按表9.2.10的规则评分。

表 9.2.10 化学品管理的评分要求

评价内容		得分
化学品管理规定	有化学品使用管理的规定并严格执行	2
化学品替代产品	采用具有合法证明文件的绿色替代产品	1
化学品存放	存放地点恰当、设施完好、有防盗措施	2
化学品处置	按规定程序进行破损、废弃后的处置	1

【条文说明扩展】

国家的法律、法规对于涉及公共安全的化学品使用有严格的规定，医院必须遵守。此外，医院建筑在运行中使用的清洁剂、消毒剂、杀虫剂、除草剂、融雪剂、化学肥料等都会造成化学污染，影响周边环境。其中的许多化学品还对呼吸系统疾病、过敏性疾病、心血管疾病患者有不良影响，有可能给患者、员工、来访者以及周边社区带来健康危害。因此，医院有责任对化学品的使用进行严格的管理。

【具体评价方式】

本条适用于各类医院建筑的运行阶段评价，设计阶段评价不参评。

运行阶段评价：审核化学品保管及使用的管理制度、化学品破损及废弃后处置的标准操作程序、化学品泄漏及扩散等事件的应急预案、与落实制度相关的文字与图片记录、检查与考核结果、奖惩决定等、所使用的绿色产品的证明文件、对化学品存放地点进行现场核查、评价的结果。

9.2.11 采取措施控制医疗废物和非医疗废物的产生，非医疗废物的回收符合感染控制的要求。本条评价总分值为 8 分，并应按表 9.2.11 的规则评分。

表 9.2.11 医疗废物和非医疗废物控制的评分要求

评价内容		得分
医疗废物控制	有控制医疗废物产生的管理措施	1
	每床每日和(或)每人每天产生量低于本地同级、同类医院的平均水平	2

续表 9.2.11

评价内容		得分
非医疗废物控制	对患者、员工进行宣传教育，有资料备查	1
	每床每日和(或)每人每天产生量低于本地同级、同类医院的平均水平	2
非医疗废物回收	非医疗废物的回收满足感染控制的要求	2

【条文说明扩展】

国务院根据《中华人民共和国传染病防治法》和《中华人民共和国固体废物污染环境防治法》，于2003年制定并且实施的《医疗废物管理条例》对医疗废物的产生、分类收集、密闭包装以及收集转运、贮存、处置的整个流程都进行了规范，对所涉及的各个环节都提出了明确要求，医院必须严格遵守。

在此基础上，医院应通过管理手段积极贯彻被国际社会普遍认可的废物管理3R原则，即：Reduce(减量)、Reuse(重复利用)、Recycle（循环利用）。它是可持续的资源利用理念在医院废物管理中的应用。推行这一理念目的是尽量减少医疗废物和非医疗废物的产生；在保证医疗安全和感染控制的前提下，合理回收利用废物，最大限度地减少处理、焚烧、填埋废物的数量。需要强调的是，医疗废物的控制要以满足感染控制的要求为前提，不能单纯为了减少处置费用而危及医疗安全和公众安全。

关于医疗废物和非医疗废物的产生量，可以按照每床每日和(或)每人每天为单位进行计算。由于全国各地的不同地区以及同一地区的不同医院之间存在较大差异，难以制定统一的量化指标。因此，需要各地在执行时根据本地的情况确定切合实际的评价指标。总的原则是不能高于本地同级、同类医院的平均水平。

【具体评价方式】

本条适用于各类医院建筑的运行阶段评价，设计阶段评价不参评。

运行阶段评价：审核医疗废物管理的制度(重点核查分类收集

的规定、控制产生量的措施)、非医疗废物回收利用的制度(重点核查是否符合感染控制的要求)、与医疗废物处置和非医疗废物回收利用相关的各种记录、开展教育和培训活动的资料、文字和图片记录、医疗废物与非医疗废物产生量的统计结果。

9.2.12 采取措施减少日常运行中的施工对患者、员工、来访者的影响,防止危及医疗安全和人身健康的事件发生,并有处置上述事件的应急预案。本条评价总分值为12分,并应按表9.2.12的规则评分。

表9.2.12 施工影响控制的评分要求

评价内容		得分
管理制度	有施工影响的评估报告	1
	有论证、审批、告知、操作的程序	1
管理措施	有噪声、粉尘、异味控制的措施	1
	有预防化学品中毒、过敏的措施	1
	有防止损坏各种管路、线路的措施	1
	有应对上述突发事件的预案	1
现场布置	施工现场的布置不干扰原有的流程	1
	不破坏原有的绿地、景观	1
落实情况	随机抽查知晓情况合格	2
	未发生影响运行、危及安全的事件	2

【条文说明扩展】

本条文制定的目的是督促医院加强对运行过程中的建筑施工管理,减少建筑施工对医院运行的干扰,防止各种设施、设备故障、环境污染危及医疗安全、危害患者、员工和来访者的健康、破坏医院的环境。医院应对可能影响医院运行和医疗安全的施工作业制定严格的论证、审批、告知、操作程序;对临时用水、用电和施工作业可能带来的影响进行评估;采取措施加以预防、控制;有应对突发事件的预案。

【具体评价方式】

本条适用于各类医院建筑的运行阶段评价，设计阶段评价不参评。

运行阶段评价：审核医院建筑施工管理制度、施工影响的评估报告、施工项目程序（论证、审批、告知、操作等）、对健康危害（噪声、粉尘、异味、中毒、过敏等）进行预防的措施、防止各种管路及线路被破坏的措施、应对上述突发事件的预案、对员工知晓情况进行现场测评的结果、对施工的现场布置是否干扰运行、是否破坏绿地、景观进行现场核查的结果、对是否发生影响运行、危及安全事件进行现场核查的结果。

10 创　　新

10.1 基本要求

10.1.1 绿色医院建筑评价时，应按本章规定对绿色医院建筑加分项进行评价，并应确定附加得分。

【条文说明扩展】

为了鼓励绿色医院建筑在节约资源、保护环境、为病人和医护人员创造适用、健康、高效的环境等技术、管理上的创新和提高，同时也为了合理处置一些引导性、创新性或综合性的额外评价条文，参考国外主要绿色建筑评估体系创新项的做法以及现行国家标准《绿色建筑评价标准》GB/T 50378，设立了加分项。加分项包括规定性方向和可选方向两类，前者有具体指标要求，侧重于“提高”；后者则没有具体指标，侧重于“创新”。

10.1.2 绿色医院建筑加分项应按本标准第10.2节的要求评分；当加分项总得分大于10分时，应取10分。

【条文说明扩展】

加分项的评定结果为某得分值或不得分。加分项最高可得10分，实际得分累加在总得分中。某些加分项是对前面章节中评分项的提高，符合条件时，加分项和相应评分项可都得分。

10.2 加　分　项

10.2.1 建筑方案综合分析当地资源、气候条件、场地特征和使用功能，合理控制和分配投资预算，具有明显的提高资源利用效率、提高建筑性能质量和环境友好性等方面的特征。本条评价总分值为1分。

【条文说明扩展】

近些年来，我国绿色医院建筑设计出现了“被动优先、主动优化”的理念。本条主要考察建筑方案在“被动优先”方面的理念和措施，所涉及的措施包括但不限于以下内容：

(1)改善场地微环境微气候的措施，例如：场地内设置挡风板或导风板优化场地风环境等；

(2)改善建筑自然通风效果的措施，例如：设置自然通风器、无动力风帽等；

(3)改善建筑天然采光效果的措施，例如：设置反光板加强内区的自然采光；

(4)提升建筑保温隔热效果的措施，例如：建筑形体形成有效的自遮阳等；

(5)合理运用其他被动措施，例如：医院公共绿地向社会开放等。

【具体评价方式】

本条适用于各类医院建筑的设计阶段、运行阶段评价。

设计阶段评价：审核建筑专业施工图、相关方案说明的合理性。

运行阶段评价：审核建筑专业竣工图、相关方案说明的合理性，并现场考察。

10.2.2 合理选用废弃场地进行建设，充分利用尚可使用的旧建筑，并纳入规划项目。本条评价总分值为1分。

【条文说明扩展】

我国城市建设用地日趋紧缺，对废弃场地进行改造并加以利用是节约集约利用土地的重要途径之一。利用废弃场地进行绿色医院建筑建设，在技术、成本方面都需要付出更多努力和代价。因此，本条对选用废弃场地的建设理念和行为进行鼓励。

本条所指的“尚可使用的旧建筑”指建筑质量能保证使用安全的旧建筑，或通过少量改造加固后能保证使用安全的旧建筑。对于从技术经济分析角度不合适，但出于保护文物或体现风貌而留存的历史建筑，由于有相关政策或财政资金支持，不在本条得分。

本条中“合理选用废弃场地进行建设”、“充分利用尚可使用的旧建筑”两个条件，符合其一即可得分。

【具体评价方式】

本条适用于各类医院建筑的设计阶段、运行阶段评价。

设计阶段评价：审核相关设计文件、环评报告、旧建筑利用专项报告，审核其合理性。

运行阶段评价：审核相关竣工图、环评报告、旧建筑利用专项报告、检测报告，审核其合理性，并现场核查。

10.2.3 应用建筑信息模型（BIM）技术。在建筑的规划设计、施工建造和运行管理阶段中的一个阶段应用得 0.5 分，两个或两个以上阶段应用得 1 分。本条评价总分值为 1 分。

【条文说明扩展】

建筑信息模型 BIM（Building Information Model）是建筑及其设施的物理和功能特性的数字化表达，在建筑全生命期内提供共享的信息资源，并为各类决策提供基础信息。建筑信息模型应用包括了建筑信息模型在项目中的各种应用及项目业务流程中的信息管理。

BIM 是第三次科技革命（即信息革命）为建筑行业乃至整个工程建设领域所带来的变革之一。在当前的信息时代下，行业主管部门先后制定实施了《2003—2008 年全国建筑业信息化发展规划纲要》、《2011—2015 年建筑业信息化发展纲要》等政策。可以预计，BIM 将是进一步推动建筑业信息化的重要推手，同时也将是绿色建筑实践的重要工具。

信息只有充分共享、避免“信息孤岛”，方能发挥其最大价值，即实现项目各参与方之间的协同互用（Interoperability）。在 BIM 的应用逐渐成熟之后，还可实现各类信息的大集成（Integration），所有信息能够在一个平台上得到各方的充分互用。

【具体评价方式】

本条适用于各类医院建筑的设计阶段、运行阶段评价。

本条对于 BIM 技术应用的评价重点是应用软件所实现的信息

共享、协同工作，而不是是否应用了所谓的 BIM 软件。为了实现 BIM 信息应用的共享、协同、集成的宗旨，要求在 BIM 应用报告中说明项目中某一方(或专业)建立和使用的 BIM 信息，如何向其他方(或专业)交付，如何为其他方(或专业)所用，如何与其他方(或专业)协同工作，以及信息在传递和共享过程中的正确性、完整性、协调一致性，及应用所产生的效果、效率和效益。

设计阶段评价：审核设计阶段评价的 BIM 技术应用报告，审查其实现信息共享、协同工作的能力和绩效。

运行阶段评价：审核规划设计、施工建造、运行维护阶段的 BIM 技术应用报告，审查其实现信息共享、协同工作的能力和绩效。

10.2.4 暖通空调一次能源利用比参考建筑节能 25%以上。本条评价总分值为 1 分，并应按表 10.2.4 的规则评分。

表 10.2.4 暖通空调一次能源利用的评分要求

评价内容	得分
暖通空调一次能源利用比较参照建筑节能 25%	0.5
在节能 25%以上，每节能 1%，增加 0.02 分，得分不超过 0.5 分	0～0.5

【条文说明扩展】

设计单位和建设单位需要采取更有力的措施，使空调能耗比参照建筑降低 25%以上。参照建筑的选取要求与第 5.2.8 条的细则内容相同。

【具体评价方式】

本条适用于各类医院建筑的设计阶段、运行阶段评价。

设计阶段评价：审核暖通空调能耗分析计算报告(必须包括参照建筑的假设条件、软件或计算过程的模型方法说明、设计建筑运行设定条件)、暖通空调施工图。

运行阶段评价：审核暖通空调能耗分析计算报告、暖通空调竣工图、自控系统调试报告、运行管理文件及记录。

10.2.5 对建筑设备和设施系统进行节能调试。本条评价总分值为 1 分。

【条文说明扩展】

本条中的节能调试是在常规工程竣工调试的基础上进行精细的节能调试，以实现更低成本的节能运行。节能调试建议由工程承包单位、医院或医院委托专业的第三方单位开展，并经有计量认证或实验室认可资质的检测机构进行现场检测。

【具体评价方式】

本条适用于各类医院建筑的运行阶段评价，设计阶段评价不参评。

运行阶段评价：审核医院节能调试报告、有资质检测机构的现场检测报告及运行记录。

10.2.6 卫生器具的用水效率等级均达到国家现行有关标准规定的 1 级。本条评价总分值为 1 分。

【条文说明扩展】

本条提出了更高的卫生器具用水效率等级要求。关于卫生器具一级用水效率等级指标整理表格如下：

<table>
<tr><th>卫生器具</th><th>水嘴
（流量）</th><th colspan="3">坐便器
（冲洗水量/次）</th><th>小便器
（冲洗水量/次）</th><th>淋浴器
（流量）</th><th>大便器冲洗阀
（冲洗水量/次）</th><th>小便器冲洗阀
（冲洗水量/次）</th></tr>
<tr><td rowspan="4">1 级用水效率等级</td><td rowspan="4">0.10L/s</td><td>单档</td><td>平均值</td><td>4.0L</td><td rowspan="4">2.0L</td><td rowspan="4">0.08L/s</td><td rowspan="4">4.0L</td><td rowspan="4">2.0L</td></tr>
<tr><td rowspan="3">双档</td><td>大档</td><td>4.5L</td></tr>
<tr><td>小档</td><td>3.0L</td></tr>
<tr><td>平均值</td><td>3.5L</td></tr>
</table>

【具体评价方式】

本条得分的前提条件是第 6.2.5 条得满分。当卫生器具用水效率等级按低 6.2.5 条评价得满分，但达不到本条要求的得分条件时，本条不得分。

【具体评价方式】

本条适用于各类医院建筑的设计阶段、运行阶段评价。

设计阶段评价：审核施工图纸、设计说明书、产品说明书，在设计文件中要注明对卫生器具的节水要求和相应的参数；

运行阶段评价：审核竣工图纸、设计说明书、产品说明书、产品检测报告及现场核查。

10.2.7 冷却水补水使用雨水等非传统水源，且用水量不小于冷却水补水总用水量的30%。本条评价总分值为1分。

【条文说明扩展】

现行国家标准《民用建筑节水设计标准》GB 50555—2010第4.3.1条规定冷却水“宜优先使用雨水等非传统水源”。雨水的水质要优于生活污废水，处理成本较低，管理相对简单，故有条件时宜优先使用雨水。

雨水、再生水等非传统水源，主要其水质能够满足现行国家标准《采暖空调系统水质》GB/T 29044中规定的空调冷却水的水质要求，均可以替代自来水作为冷却水补水水源。

本条冷却水的补水量以年补水量计。设计阶段冷却塔的年补水量计算可按照现行国家标准《民用建筑节水设计标准》GB 50555—2010第3.1.4条规定执行。

【具体评价方式】

本条适用于各类医院建筑的设计阶段、运行阶段评价没有冷却水补水系统的建筑，本条得1分。

设计阶段评价：审核给水排水专业、暖通专业冷却水补水相关设计文件、冷却水补水量及非传统水源利用的水量平衡计算书。

运行阶段评价：审核给水排水专业、暖通专业冷却水补水相关竣工图纸、计算书，审核用水计量记录、计算书及统计报告、非传统水源水质检测报告，并现场核查。

10.2.8 使用经国家和地方建设主管部门推广且适合医院建筑

功能需求的新型建筑材料。本条评价总分值为1分,并应按表10.2.8的规则评分。

表10.2.8　新型建筑材料使用的评分要求

评价内容	得分
至少使用一种新型功能性建筑材料,且使用比例占同类建筑材料的50%以上	1

【条文说明扩展】

医院建筑中建筑材料的应用与其他民用建筑存在一定的差异,考虑到随着建材业的飞速发展,新型建筑材料不断出现,鼓励绿色医院建筑根据当地的资源条件和建设水平合理使用新型建筑材料,达到提升材料利用效率,提升室内环境质量的目的。

本条中的新型建筑材料主要指的是契合医院功能需求的新型建筑材料,主要包括各类抑菌材料、降噪材料、空气净化类材料等。

项目使用了一种及以上新型环保建筑材料,其性能指标要求经国家和地方主管部门认可的权威第三方机构检验,满足相应的国家标准和行业标准规定的高等级性能指标要求,且其使用比例占同类建筑材料的50%以上,即可判定本条达标。

【具体评价方式】

本条适用于各类医院建筑的设计阶段、运行阶段评价。

设计阶段评价:审核建筑施工图设计说明、装修设计说明及装修做法表、材料概预算清单。

运行阶段评价:审核建筑竣工图设计说明、装修竣工图设计说明及装修做法表、材料决算清单、新型建筑材料第三方检测报告。

10.2.9　结合场地条件,对建筑的围护结构进行优化设计,使建筑获得有利的日照、自然通风和采光,以利于室内热舒适提高和建筑供暖、空调能耗降低。本条评价总分值为1分。

【条文说明扩展】

绿色医院建筑围护结构设计方案确定时进行节能和室内环境舒适性优化权衡将有利于充分利用自然通风和采光,同时获得良好的节能效果和舒适度。

【具体评价方式】

本条适用于各类医院建筑的设计阶段、运行阶段评价。

设计阶段评价：审核建筑、暖通专业施工图、自然通风和采光分析报告、优化方案说明。

运行阶段评价：审核建筑、暖通专业竣工图、自然通风和采光分析报告、优化方案说明，并现场考察。

10.2.10 采取有效的空气处理措施，设置室内空气质量监控系统，并保证健康舒适的室内环境。本条评价总分值为1分。

【条文说明扩展】

医院建筑空调系统的空气处理主要包括对空气的温度（加热、冷却）、湿度（加湿、除湿）、洁净度（过滤、净化）等的处理。其中，温度、湿度存在较强耦合关系，在一定条件下可一并考虑。

现行国家标准《民用建筑供暖通风与空气调节设计规范》GB 50736、《综合医院建筑设计规范》GB 51039、《空气冷却器与空气加热器》GB/T 14296、《空气过滤器》GB/T 14295、《高效空气过滤器》GB/T 13554等对相关技术要求作出了规定。

【具体评价方式】

本条适用于各类医院建筑的设计阶段、运行阶段评价。

设计阶段评价：审核暖通空调及电气专业施工图、空气处理措施和空气质量监控系统专项报告，审查空气处理措施的有效性。

运行阶段评价：审核暖通空调及电气专业竣工图、主要产品型式检验报告、室内空气处理设备或装置运行记录（及其检查、清洗和更换记录），及室内空气质量监控系统的运行记录、室内空气品质检测报告、审查空气处理措施的有效性，并现场核查。

10.2.11 采用有利于院内物流细分的技术手段和设备系统。减少室内二次污染或提高效率。本条评价总分值为1分。

【条文说明扩展】

常见的物流细分手段如生活垃圾管道集中输送系统。该系统在有效改善医院建筑室内环境的同时，还可以提供垃圾清运处理的工作效率。值得注意的是，实际应用中要防止与医疗废物、危险品等混同的情况发生。

【具体评价方式】

本条适用于各类医院建筑的运行阶段评价，设计阶段评价不参评。

运行阶段评价：审核医院物流运输方案，现场考察。

10.2.12 开展管理创新，提高医院建筑运行的效率，在保证医疗质量与安全的基础上不断改善医院环境，并取得显著效果，具有一定的示范作用。本条评价总分值为1分，并应按表10.2.12的规则评分。

表10.2.12 管理创新的评分要求

评价内容		得分
管理创新	有最佳实践的案例和评估报告	1
	有经过同行专家审议并且认可的结论	

【条文说明扩展】

本条文制定的目的是鼓励医院结合当前绿色医院发展建设的新趋势、新理念开展管理创新。对绿色医院建筑运行管理面临的问题进行深入的探讨和研究，在实践中不断地总结经验、持续改进，创新管理方式。管理方式的创新应当包括绿色医院建筑运行的基本概念、基本原理和基本方法。管理创新的成果应经过实践的检验，取得良好的绩效，应由同行专家进行审议并得到认可。

【具体评价方式】

本条适用于各类医院建筑的运行阶段评价，设计阶段评价不参评。

运行阶段评价：审核医院开展管理创新的案例评估报告、同行专家评审结论和对管理创新进行现场核查的结果。